Springer-Lehrbuch Masterclass

Stefan Schäffler

Mathematik der Information

Theorie und Anwendungen der
Shannon-Wiener Information

 Springer Spektrum

Stefan Schäffler
Fakultät für Elektro- und Informationstechnik
Mathematik und Operations Research
Universität der Bundeswehr München
Neubiberg, Deutschland

ISSN 1234-5678
ISBN 978-3-662-46381-9   ISBN 978-3-662-46382-6 (eBook)
DOI 10.1007/978-3-662-46382-6

Die Deutsche Nationalbibliothek verzeichnet diese Publikation in der Deutschen Nationalbibliografie; detaillierte bibliografische Daten sind im Internet über http://dnb.d-nb.de abrufbar.

Mathematics Classification Number (2010): 62Bxx, 94A15, 68Q12, 81P45, 80A05, 37Axx

Springer Spektrum

Gedruckt auf säurefreiem und chlorfrei gebleichtem Papier.

Springer-Verlag GmbH Berlin Heidelberg ist Teil der Fachverlagsgruppe Springer Science+Business Media
(www.springer.com)

Für Antonia, Michael und ?

Einleitung

Information theory is a branch of the mathematical theory of probability and mathematical statistics.

Solomon Kullback in [Kull97]

Der Begriff **Information** gehört zu den Schlüsselbegriffen unserer Zeit; Soziologen sprechen daher unter anderem vom Informationszeitalter, wenn sie die Gegenwart beschreiben. Fragt man nach den wissenschaftlichen Disziplinen, die sich mit Information beschäftigen, so kommt den meisten wohl die Informatik, die Nachrichtentechnik und ganz allgemein Kommunikationswissenschaften (etwa als Teilgebiete der Elektrotechnik, der Psychologie und der Soziologie) in den Sinn; an die Mathematik denken die wenigsten. Aus diesem Grund wird die Informationstheorie auch nicht (mehr) als Teilgebiet der Mathematik wahrgenommen. Dies ist umso erstaunlicher, wenn man bedenkt, dass es Mathematiker waren, die die Pionierarbeit einer wissenschaftlichen Theorie der Information – eingebettet in die Stochastik – geleistet haben.

In mathematisch-naturwissenschaftlichem Kontext tritt der Begriff Information wohl erstmals im Jahre 1925 in einer Arbeit von RONALD AYLMER FISHER (1890–1962) mit dem Titel „Theory of statistical estimation" auf (siehe [Fi25]; dabei wird im Prinzip nach der Menge an Information gefragt, die man über unbekannte Verteilungsparameter durch Realisierungen des zugrunde gelegten Zufallsexperiments erhält; auf eine verwandte Fragestellung werden wir bei der Betrachtung suffizienter Statistiken zu sprechen kommen. In diesem Buch wird ein zur FISHER-Information alternativer Zugang zum Begriff der Information gewählt. Als erste Veröffentlichung in diesem Zusammenhang kann der Artikel „A Mathematical Theory of Communication" gelten, dessen erster Teil von CLAUDE ELWOOD SHANNON (1916–2001) im Juli 1948 im *Bell Systems Technical Journal* veröffentlicht wurde (siehe [ShWe63]). Das Ziel dieser Vorgehensweise wird im Titel des besagten Artikels klar: Der Informationsbegriff dient als Baustein einer zu entwickelnden Theorie der Kommunikation. Im gleichen Jahr wählte NORBERT WIENER (1894–1964) unabhängig von SHANNON einen analogen Zugang für stetige Verteilungen durch Einführung der differentiellen Entropie (siehe [Wie61]), welche in thermodynamischem Kontext bereits von LUDWIG BOLTZMANN (1844–1906) im Jahr 1866 verwendet wurde; allerdings verwendete WIENER im Gegensatz zu BOLTZMANN und SHANNON in diesem

Zusammenhang explizit den Begriff Information. Das vorliegende Buch hat somit den Shannon-Wiener Zugang zum mathematischen Informationsbegriff zum Gegenstand. Wie bereits NORBERT WIENER in seinem Buch über Kybernetik ([Wie61]) feststellte, kann dieser Zugang den Informationsbegriff von FISHER ersetzen (das entsprechende Hilfsmittel ist die „de Bruijn Identität", siehe etwa [Joh04]). Obwohl sowohl SHANNON als auch WIENER bei ihrer Konzeption der mathematischen „Messung" einer Informationsmenge in erster Linie die Kommunikationstheorie im Blick hatten, zeigt schon die Parallele zur Thermodynamik, dass der im Folgenden zu untersuchende Informationsbegriff wesentlich breiter anwendbar ist.

Der erste Teil des vorliegenden Buches ist den Grundlagen gewidmet. Wesentlich ist dabei nach einer gegenseitigen Abgrenzung der beiden Begriffe Nachricht und Information die axiomatische Zuordnung einer Informationsmenge zu einer Wahrscheinlichkeit.

In Teil II werden abzählbare Systeme, also Wahrscheinlichkeitsräume mit höchstens abzählbar vielen Ergebnissen untersucht. Die mittlere Informationsmenge dieser Systeme führt auf die fundamentale Definition der Shannon-Entropie und ihre Anwendung als geeignetes Maß für die Güte einer Codierung; mit der Huffman-Codierung wird eine optimale Codierung vorgestellt. Ein sehr wichtiges Beispiel für abzählbare Systeme liefert die statistische Physik – genauer die Thermodynamik. In diesem Zusammenhang ermöglicht die Shannon-Entropie eine informationstheoretische Interpretation der thermodynamischen Entropie und insbesondere des zweiten Hauptsatzes der Thermodynamik für abgeschlossene Systeme (Kap. 4). Mit der Einführung bedingter Wahrscheinlichkeiten in Kap. 5 werden zwei klassische Anwendungen der Shannon-Entropie in der mathematischen Statistik (Suffizienz von Schätzfunktionen) und in der Nachrichtentechnik (Transinformation) vorgestellt. Ein Buch über die Mathematik der Information wäre ohne einen Blick auf Quanteninformation und Quantenalgorithmen unvollständig; das entsprechende sechste Kapitel dient als Einführung in diese Thematik.

Mit Teil III beginnt die Analyse allgemeiner Systeme, also von Wahrscheinlichkeitsräumen mit im Allgemeinen mehr als abzählbar vielen Ergebnissen; dies führt auf den von NORBERT WIENER im Rahmen der Informationstheorie eingeführten Begriff der differentiellen Entropie. Die notwendigen maß- und integrationstheoretischen Voraussetzungen werden jeweils an der Stelle entwickelt, wo sie benötigt werden. Neben Anwendungen aus der Nachrichtentechnik und der mathematischen Statistik wird der Informationsbegriff auch bei der Analyse dynamischer Systeme betrachtet.

Dieses Buch ist für Mathematiker und/oder Informatiker mit Vorkenntnissen auf Bachelor-Niveau geschrieben. Es dient einerseits der Darstellung, wie der Informationsbegriff in der Mathematik verankert ist, und soll andererseits eine Auswahl von Anwendungen (gerade auch außerhalb der Kommunikationstechnik) vorstellen; da als Mathematikbuch konzipiert, wird natürlich großer Wert auf exakte Beweisführung gelegt. Daher wird sich der Inhalt dieses Buches nicht mit den Inhalten decken, die Ingenieure mit dem Begriff Informationstheorie in Verbindung bringen (hierzu gibt es eine nicht mehr zu überschauende Fülle von Literatur; genannt sei als Klassiker [CovTho91]). Zur Vermeidung von Missverständnissen wurde daher im Titel dieses Buches der Begriff Informationstheorie vermieden. Dennoch bleibt beim Autor die Überzeugung, dass auch der ein oder andere Ingenieur das vorliegende Buch mit Gewinn lesen wird, wenn er sich auf die Sprache und Darstellungsart der Mathematik einlässt, was aber gerade in Deutschland leider nicht selbstverständlich ist.

Aber auch Mathematiker werden in diesem Buch gewisse Themen vermissen; ich denke insbesondere an die Ergodentheorie. Dieses Thema hat sich längst zu einer eigenen Spezialdisziplin entwickelt; in den Abschn. 7.3 und 9.4 werden wir zumindest auf den Begriff des ergodischen Wahrscheinlichkeitsmaßes zu sprechen kommen. Ein Standardwerk zum Thema Ergodentheorie und Information ist immer noch [Bill65]. Für eine mathematisch fundierte Einführung in die Codierungstheorie, die hier auch nur am Rande betrachtet wird, sei auf [Ash65] und [HeiQua95] verwiesen. Einen sehr interessanten Zusammenhang gibt es zwischen der Shannon-Entropie und der Hausdorff-Dimension einer Menge; hier sei auf [Bill65] und [PötSob80] verwiesen.

Mein geschätzter Mitarbeiter und Kollege, Herr DR. R. VON CHOSSY hat das Manuskript in den letzten Wochen seiner Dienstzeit kritisch durchgearbeitet, viele Verbesserungvorschläge und wertvolle Beweisideen (zum Beispiel zu Theorem 8.1) eingebracht und war mir somit wie immer eine unschätzbare Hilfe. Ihm sei an dieser Stelle – gerade auch für seine hervorragende Arbeit in den gemeinsamen 14 Jahren – besonders gedankt.

Symbole

$\mathcal{P}(\Omega)$	Potenzmenge von Ω
$\mathbb{S}$	Entropie
$\mathbb{P}_X$	Bildmaß von X
$\mathbb{P}^B$	bedingte Wahrscheinlichkeit
$\mathbb{T}$	Transinformation
C	Kanalkapazität
R	Coderate
$\mathcal{H}$	Hilbertraum
$\langle \cdot, \cdot \rangle_{\mathcal{H}}$	Skalarprodukt in $\mathcal{H}$
$S_{\mathcal{H}}$	Sphäre von $\mathcal{H}$
$\mathcal{H}^{\otimes n}$	n-faches Tensorprodukt von $\mathcal{H}$
$\sigma(X)$	von X erzeugte σ-Algebra
$\|\cdot\|_{\infty}$	Maximum-Norm
$\mathcal{Z}$	Zylindermenge
$\oplus$	binäre Addition
(Ω, S)	Messraum
$(\Omega, S, \mathbb{P})$	Wahrscheinlichkeitsraum
$\mathfrak{F}$	Frobenius-Perron Operator
$\mathbb{E}(X|C)$	bedingte Erwartung

Inhaltsverzeichnis

Abbildungsverzeichnis

Teil I
Grundlagen

Nachricht und Information

1.1 Ausgangspunkt Sender: Nachricht

Die beiden Begriffe **Nachricht** und **Information** sind Bestandteile unserer Umgangssprache, die nicht immer genau auseinandergehalten werden. Im Rahmen der Ingenieurwissenschaften und der Mathematik ist es aber unabdingbar, diese beiden Begriffe scharf zu unterscheiden. Eine Nachricht ist zunächst etwas, das stets von einem Sender ausgeht und in eine spezielle physikalische Form gebracht wird. Diese physikalische Form hängt von der Art und Weise ab, wie die entsprechende Nachricht vom Sender zu den vorgesehenen Empfängern übertragen werden soll. Bei den Indianerstämmen Nordamerikas wurden Nachrichten zum Beispiel durch spezielle Rauchzeichen übertragen. Seit etwa 1817 werden in der Schifffahrt Nachrichten unter anderem durch Flaggensignale ausgetauscht. Die Darstellung einer Nachricht in Abhängigkeit von der vorgesehenen Art der Übertragung spielt in der Kommunikationstechnik somit eine wichtige Rolle.

Ein zweiter wichtiger Faktor ist die Sicherheit der Übertragung. Die Darstellung einer Nachricht muss oft so gewählt werden, dass es einerseits Unbefugten nicht möglich ist, den Inhalt der Nachricht zu verstehen, obwohl man die Nachricht selbst abgehört hat (Verschlüsselung, Kryptographie), andererseits soll es bei unvermeidlichen Übertragungsfehlern den vorgesehenen Empfängern dennoch möglich sein, den korrekten Inhalt der Nachricht zu rekonstruieren (Kanalcodierung). Als dritter Faktor kommt die Sparsamkeit ins Spiel: Eine Nachricht soll so dargestellt werden, dass bei der Übertragung möglichst wenig Ressourcen benötigt werden. Bei einer Funkübertragung wären die Ressourcen zum Beispiel Zeit (Signaldauer) und Bandbreite (benötigte Frequenzen). Betrachten wir dazu als Beispiel die wohl häufigste Art der Kommunikation, das Senden einer SMS. Zunächst wird eine Nachricht als Text in (deutscher) Sprache formuliert. Wählen wir als Beispiel eine Nachricht, die sicher täglich millionenfach unter Jugendlichen in Deutschland gesendet wird:

MATHEMATIK IST SCHÖN

© Springer-Verlag Berlin Heidelberg 2015

S. Schäffler, *Mathematik der Information*, Springer-Lehrbuch Masterclass,

DOI 10.1007/978-3-662-46382-6_1

Tab. 1.1 Binäre Codierung; Quelle: [Kom]

Nr.	Zeichen	W	Code	Nr.	Zeichen	W	Code
1	„Leerzeichen"	0.15149	000	16	O	0.01772	111001
2	E	0.14700	001	17	B	0.01597	111010
3	N	0.08835	010	18	Z	0.01423	111011
4	R	0.06858	0110	19	W	0.01420	111100
5	I	0.06377	0111	20	F	0.01360	111101
6	S	0.05388	1000	21	K	0.00956	1111100
7	T	0.04731	1001	22	V	0.00735	1111101
8	D	0.04385	1010	23	Ü	0.00580	11111100
9	H	0.04355	10110	24	P	0.00499	11111101
10	A	0.04331	10111	25	Ä	0.00491	11111110
11	U	0.03188	11000	26	Ö	0.00255	111111110
12	L	0.02931	11001	27	J	0.00165	1111111110
13	C	0.02673	11010	28	Y	0.00017	11111111110
14	G	0.02667	11011	29	Q	0.00015	111111111110
15	M	0.02134	111000	30	X	0.00013	111111111111

Diese Nachricht kann so nicht per Funk übertragen werden; zudem ist sie noch nicht geschützt. Um eine Nachricht schützen zu können, muss man sie in eine **algebraische** Form bringen; sie ist also so transformieren, dass mit den Symbolen, die die Nachricht bilden, gerechnet werden kann. Man könnte zum Beispiel auf die Idee kommen, jedem Buchstaben des deutschen Alphabets inklusive Umlaute und Leerzeichen eine endliche Folge von Bits $b_i \in \{0, 1\}$ zuzuordnen, denn die Menge $\{0, 1\}$ besitzt durch

$$0 \oplus 0 = 1 \oplus 1 = 0 \quad \text{und} \quad 0 \oplus 1 = 1 \oplus 0 = 1$$

eine einfach zu implementierende algebraische Struktur. Eine so gewählte endliche Folge wird als Code des entsprechenden Zeichens aus dem Alphabet bezeichnet. Bei diesem Vorgehen ist aber einerseits darauf zu achten, dass die in eine Folge von Bits transformierte Nachricht wieder eindeutig rekonstruiert werden kann, und andererseits ist aus Sparsamkeitsgründen darauf zu achten, möglichst wenig Bits zu verwenden. Die obige Tab. 1.1 gibt nun eine Codierung der Zeichen unseres Alphabets an. Aufgrund einer statistischen Auswertung verschiedener Texte deutscher Sprache wurde für jedes Zeichen aus dem Alphabet eine Auftrittswahrscheinlichkeit W ermittelt. Dem Sparsamkeitsargument wird nun dadurch Rechnung getragen, dass man zur Codierung eines Zeichens umso weniger Bits verwendet, je größer die Auftrittswahrscheinlichkeit ist; ansonsten ist die auf den ersten Blick unerwartete Codierung (zum Beispiel dass jedes Zeichen mit mindestens drei Bits codiert wird) der eindeutigen Rekonstruierbarkeit der Nachricht geschuldet.

Die mittlere Anzahl L an Bits pro Zeichen ergibt bei dieser Codierung

$$
\begin{aligned}
L = \quad & 0.15149 \cdot 3 + 0.14700 \cdot 3 + 0.08835 \cdot 3 + \\
+ \; & 0.06858 \cdot 4 + 0.06377 \cdot 4 + 0.05388 \cdot 4 + \\
+ \; & 0.04731 \cdot 4 + 0.04385 \cdot 4 + 0.04355 \cdot 5 + \\
+ \; & 0.04331 \cdot 5 + 0.03188 \cdot 5 + 0.02931 \cdot 5 + \\
+ \; & 0.02673 \cdot 5 + 0.02667 \cdot 5 + 0.02134 \cdot 6 + \\
+ \; & 0.01772 \cdot 6 + 0.01597 \cdot 6 + 0.01423 \cdot 6 + \\
+ \; & 0.01420 \cdot 6 + 0.01360 \cdot 6 + 0.00956 \cdot 7 + \\
+ \; & 0.00735 \cdot 7 + 0.00580 \cdot 8 + 0.00499 \cdot 8 + \\
+ \; & 0.00491 \cdot 8 + 0.00255 \cdot 9 + 0.00165 \cdot 10 + \\
+ \; & 0.00017 \cdot 11 + 0.00015 \cdot 12 + 0.00013 \cdot 12 = \\
= \; & 4.14834 \text{ Bits.}
\end{aligned}
$$

Wir werden auf diesen Wert noch zurückkommen.

Verwendet man nun diese Codierung, so wird aus unserer ursprünglichen Nachricht

MATHEMATIK IST SCHÖN

die Bitfolge

111000101111001101100011110010

111100101111111100000011110010

010001000110101101111111110010

bestehend aus 93 Bits. Um nun diese Nachricht gegen unbefugtes Lesen zu schützen (wir gehen davon aus, dass jeder weiß, dass Tab. 1.1 verwendet wird), wählen wir zufällig erzeugte 93 Bits, zum Beispiel

010011100111110110110111110

000100101111000001110110101110

001011000111100101101000010110.

Diese Folge von Bits wird als Schlüssel bezeichnet und darf nur dem Sender und allen Empfängern bekannt sein, die befugt sind, die gesendete Nachricht zu lesen. Nun addieren wir diese beiden Folgen von Bits bitweise (also erstes Bit mit erstem Bit, zweites Bit mit zweitem Bit usw.) unter Verwendung der oben eingeführten binären Addition $\oplus$. Als Ergebnis erhalten wir:

101011001000111011010101001011100

111000000000011100111000100110

011010000001001110110111111011110.

Nehmen wir nun an, diese Nachricht wäre fehlerlos übermittelt worden. Alle Empfänger, die befugt sind, dieses Nachricht zu lesen, kennen den verwendeten Schüssel und addieren nun diesen Schlüssel wieder bitweise auf die empfangene Nachricht. Das Ergebnis ist die uns bereits bekannte Bitfolge

$$111000101111001101100011110010$$
$$111100101111111100000111100010$$
$$0100010001101010110111111110010,$$

die unter Verwendung von Tab. 1.1 zu

MATHEMATIK IST SCHÖN

führt. Ein unbefugter Empfänger, der die Nachricht abgehört hat, kennt den Schlüssel nicht und kommt unter der Verwendung von Tab. 1.1 angewandt auf die abgehörte Nachricht

$$1010110010001110110101001011100$$
$$11100000000001110011100010001100$$
$$0110100000010011101101111011110$$

zu dem unbrauchbaren Ergebnis

DL ZNTIEU IEUTSC EEGIA,

wobei die letzten beiden Bits keinen Sinn mehr ergeben.

Diese Art der Verschlüsselung ist zwar perfekt sicher, aber in der Praxis unbrauchbar, da man Schlüssel verwendet, die so lang sind wie die Nachricht selbst. Diese Schlüssel müssen dem Sender und den berechtigten Empfängern bekannt sein und müssen vor allem geheim bleiben (dürfen also nicht Unbefugten durch Spionage in die Hände fallen); daher geht man heute in der Kryptographie unter Verwendung algebraischer, geometrischer und zahlentheoretischer Methoden der Mathematik andere Wege, die aber nicht Thema dieses Buches sind (siehe etwa [For13] und [Buch10]).

Da nun auch Bits nicht per Funk übertragen werden können, benötigt man die Technik der Modulation. Die aus 93 Bits bestehende Nachricht $b_1, \ldots, b_{93}$ wird zu einem Signal s transformiert, das nun in Form einer elektromagnetischen Welle übertragen werden kann; eine sehr einfache Art der Modulation ist durch das folgende Signal gegeben, wobei $N \in \mathbb{N}$ und die Frequenz f gewählt wird:

$$s : \left[0, \frac{N}{f} \cdot 93\right) \to \mathbb{R}, \quad t \mapsto \sum_{i=1}^{93} I_{[0,1)} \left(\frac{tf}{N} - (i-1)\right) b_i \sin(2\pi ft)$$

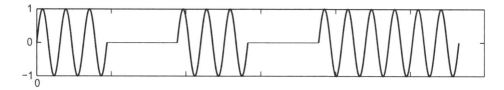

Abb. 1.1 Amplitudenmodulation

mit

$$I_{[0,1)} : \mathbb{R} \to \{0,1\}, \quad x \mapsto \begin{cases} 1 & \text{falls } 0 \le x < 1 \\ 0 & \text{falls } x < 0 \text{ oder } x \ge 1 \end{cases}.$$

Für jedes Bit werden also der Reihe nach N Perioden der Sinus-Funktion mit Frequenz f reserviert. Hat ein Bit den Wert Eins, so wird im entsprechenden Intervall die Amplitude gleich Eins gewählt. Hat ein Bit den Wert Null, so wird im entsprechenden Intervall auch die Amplitude gleich Null gewählt. Für die ersten sechs Bits 101011 zeigt Abb. 1.1 den entsprechenden Teil des Signals s mit $N = 3$.

Selbstverständlich ist dies eine sehr einfache Art der Modulation und nicht Stand der Technik (siehe dazu [OhmLü10]); es soll hier auch nur um die prinzipielle Vorgehensweise gehen. Da es wie bei jeder Übertragung auch bei der Funkübertragung zu Störungen kommt, wird im Empfänger je nach Größe der Störung statt dem Signal s ein Signal wie in Abb. 1.2 (für die ersten sechs Bits) ankommen.

Daher ist es nicht überraschend, dass es bei der Rücktransformation vom Signal zu den Bits (Demodulation) zu Fehlern kommen kann. Kippt zum Beispiel nur das dritte Bit, so ist auch nach Addition des Schlüssels nur das dritte Bit falsch und im Empfänger liegt die Bitfolge

$$110000101111001101100011110010$$
$$111100101111111100000111100010$$
$$010001000110101011011111110010$$

vor, die durch Verwendung von Tab. 1.1 auf den Text

UNWG WNWAK IST SCHÖN

führt. Es ist daher notwendig, im Sender Schutzmaßnahmen zu ergreifen, um im Empfänger gekippte Bits erkennen und korrigieren zu können. Der Schutz besteht nun darin, die Bits nicht nur einmal, sondern mehrfach zu übertragen. Eine einfache Wiederholung ist aber nicht effizient. Daher betrachten wir als Beispiel eine Kanalcodierung, die immer vier aufeinanderfolgende Bits durch drei Bits schützt. Es wird also jeder Viererblock

$$b_1 b_2 b_3 b_4 \quad b_5 b_6 b_7 b_8 \ \ldots \ b_{89} b_{90} b_{91} b_{92}$$

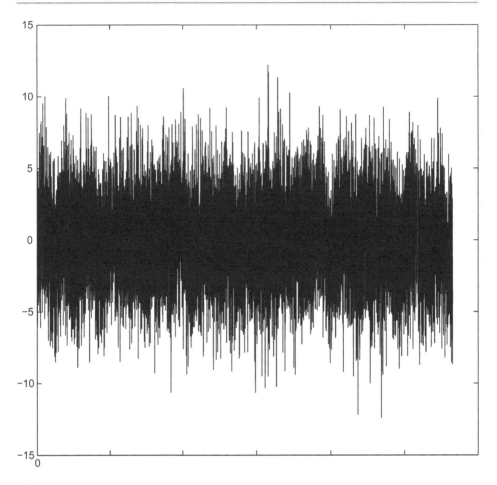

Abb. 1.2 Amplitudenmodulation mit Störung

folgendermaßen durch drei Bits ergänzt:

$$b_1 b_2 b_3 b_4 \quad \text{wird zu} \quad b_1 b_2 b_3 b_4 \underbrace{(b_2 \oplus b_3 \oplus b_4)}_{c_1} \underbrace{(b_1 \oplus b_3 \oplus b_4)}_{c_2} \underbrace{(b_1 \oplus b_2 \oplus b_4)}_{c_3}.$$

Das Bit c_1 ergibt sich also durch die Summe des zweiten, dritten und vierten Bits im Viererblock, das Bit c_2 durch die Summe des ersten, dritten und vierten Bits im Viererblock und das Bit c_3 durch die Summe des ersten, zweiten und vierten Bits im Viererblock. Der fünfte Viererblock wird somit zu

$$b_{17} b_{18} b_{19} b_{20} \rightarrow b_{17} b_{18} b_{19} b_{20} \underbrace{(b_{18} \oplus b_{19} \oplus b_{20})}_{c_{13}} \underbrace{(b_{17} \oplus b_{19} \oplus b_{20})}_{c_{14}} \underbrace{(b_{17} \oplus b_{18} \oplus b_{20})}_{c_{15}}.$$

In einem Siebenerblock wie zum Beispiel $b_1 b_2 b_3 b_4 c_1 c_2 c_3$ findet sich b_1 dreifach wieder:

(i)   direkt an erster Stelle,
(ii) indirekt in $c_2 = b_1 \oplus b_3 \oplus b_4$,
(iii) indirekt in $c_3 = b_1 \oplus b_2 \oplus b_4$.

Das Bit b_2 findet sich dreifach wieder:

(i)   direkt an zweiter Stelle,
(ii) indirekt in $c_1 = b_2 \oplus b_3 \oplus b_4$,
(iii) indirekt in $c_3 = b_1 \oplus b_2 \oplus b_4$.

Das Bit b_3 findet sich dreifach wieder:

(i)   direkt an dritter Stelle,
(ii) indirekt in $c_1 = b_2 \oplus b_3 \oplus b_4$,
(iii) indirekt in $c_2 = b_1 \oplus b_3 \oplus b_4$.

Das Bit b_4 findet sich vierfach wieder:

(i)   direkt an vierter Stelle,
(ii) indirekt in $c_1 = b_2 \oplus b_3 \oplus b_4$,
(iii) indirekt in $c_2 = b_1 \oplus b_3 \oplus b_4$,
(iv) indirekt in $c_3 = b_1 \oplus b_2 \oplus b_4$.

Somit müssen statt den 93 Bits

$$1010110010001110110101001011100$$
$$1110000000000111001110001001100$$
$$0110100000010011101101111011110$$

die 162 Bits (**fett** sind die neu hinzugefügten Bits)

$$1010\mathbf{1011}100\mathbf{110}10000\mathbf{111}1\mathbf{1}\mathbf{0000}110\mathbf{100}10100\mathbf{1011}0\mathbf{11}010$$
$$100\mathbf{1100}1\mathbf{100}1\mathbf{100}00000\mathbf{0}00000000\mathbf{011}1\mathbf{1000}00\mathbf{111}1\mathbf{1000}00\mathbf{1111}$$
$$0011\mathbf{0010}00\mathbf{1111}10101010000000\mathbf{0}100\mathbf{1011}1\mathbf{1000}011010\mathbf{01}$$
$$11\mathbf{1000}0\mathbf{11}111\mathbf{110}$$

übertragen werden, wobei man zum Beispiel festlegen könnte, das 93. Bit ungeschützt zu lassen. Diese künstlich hinzugefügte Redundanz erlaubt es, einen einzelnen Fehler, der in einem Siebenerblock entsteht, zu korrigieren:

Kippt im ersten Siebenerblock zum Beispiel das dritte Bit, so erhält man

$$1000\mathbf{101} \quad \text{statt} \quad 1010\mathbf{101}.$$

Die Kombination 1000**101** ist nicht vorgesehen; also muss bei der Übertragung etwas passiert sein. Nehmen wir nun an, dass genau ein Bit gekippt ist, so gibt es sieben Varianten:

$$
\begin{aligned}
&0000\mathbf{101} \quad \text{nicht vorgesehen,}\\
&1100\mathbf{101} \quad \text{nicht vorgesehen,}\\
&1010\mathbf{101} \quad \text{möglich,}\\
&1001\mathbf{101} \quad \text{nicht vorgesehen,}\\
&1000\mathbf{001} \quad \text{nicht vorgesehen,}\\
&1000\mathbf{111} \quad \text{nicht vorgesehen,}\\
&1000\mathbf{100} \quad \text{nicht vorgesehen.}
\end{aligned}
$$

Somit kann das dritte Bit als falsch erkannt werden. Die eben skizzierte Vorgehensweise ist ein einfaches Beispiel (ein sogenannter Hamming-Code) für eine Kanalcodierung, um im Sender unter Verwendung algebraischer Operationen gezielt Redundanz hinzuzufügen, sodass im Empfänger Fehler korrigieren werden können. Diese Idee kostet natürlich Ressourcen, da statt 93 nun 162 Bits übertragen werden. Um nun Kanalcodierungen zu finden, die einerseits wenig Ressourcen beanspruchen, andererseits gute Korrekturfähigkeiten besitzen, benötigt man tiefe geometrische und algebraische Kenntnisse (siehe etwa [Frie96]).

1.2 Endpunkt Empfänger: Information

In der Physik gibt es Größen (zum Beispiel die **Zeit** oder die **Masse**), die als Grundbausteine der Naturbeschreibung gelten und deshalb nicht definiert werden. Nach BLAISE PASCAL (1623–1662) ist dies auch nicht nötig, da jeder Mensch die gleiche – angeborene – Vorstellung von diesen Basisgrößen hat und eine Definition, die sich ja immer auf bereits vorgegebene Größen stützen müsste, sogar schädlich wäre (siehe [Pas38])[1]. Allerdings kann man wesentliche Eigenschaften dieser Größen benennen und man kann diese Basisgrößen auch messen.

Mit dem Begriff **Information** verhält es sich analog; eine formale Definition ist ebenfalls nicht sinnvoll, aber man kann Eigenschaften angeben und wir werden die **Informationsmenge** (oder dazu synonym den **Informationsgehalt**) im mathematischen Sinne messen. Während eine Nachricht in einem Sender entsteht und dann zu einem Empfänger übertragen wird, entsteht Information immer in einem Empfänger durch den Erhalt

---

[1] In der Mitte des 17. Jahrhunderts waren andere Basisgrößen im Gespräch als heute. Die **Zeit** wurde aber damals schon von PASCAL in diesem Zusammenhang genannt.

einer Nachricht – und zwar dann, wenn der Inhalt der empfangenen Nachricht für den Empfänger mit einem Überraschungseffekt verbunden ist (zum Inhalt einer Nachricht gehört auch der Absender). Je größer die Überraschung, die der Inhalt einer Nachricht beim Empfänger auslöst, desto mehr Informationen hat der Empfänger durch diese Nachricht erhalten (desto größer ist also die übertragene Informationsmenge). Kommen wir als Beispiel noch einmal auf die SMS über die Schönheit der Mathematik zurück. Wenn ich als Mathematiker diese SMS meinen Kindern senden würde, würde diese Nachricht für die entsprechenden Empfänger keinerlei Information enthalten, da sie wissen, dass die SMS von mir kommt und da sie meine Meinung zur Mathematik genau kennen. Würde umgekehrt eines meiner Kinder diese SMS an mich senden, so hätte durch meine Kenntnis des Absenders der Inhalt dieser Nachricht für mich einen unendlich großen Informationsgehalt, weil die Überraschung ebenso groß wäre. Es stellt sich nun die Frage, wie man den Überraschungseffekt, den eine Nachricht bei einem Empfänger auslöst, quantifizieren kann. Bei den notwendigen Schutzmaßnahmen für Nachrichten hat die Darstellung der Nachricht als Bitfolge in Verbindung mit der algebraischen Struktur – gegeben durch die Operation $\oplus$ – dazu geführt, dass man für das vorgegebene Ziel auf die wertvollen Ergebnisse der Algebra und der Zahlentheorie zurückgreifen kann. Es macht daher Sinn, bei der Quantifizierung des Überraschungseffekts, den eine Nachricht bei einem Empfänger auslöst, eine Vorgehensweise zu wählen, die die Anwendung einer fortgeschrittenen mathematischen Theorie erlaubt. Aus diesem Grund hat man sich entschieden, die Wahrscheinlichkeit zu betrachten, mit der ein Empfänger den Inhalt einer Nachricht (inklusive Absender) erwartet. Je kleiner diese Wahrscheinlichkeit ist, desto größer ist die Überraschung beim Erhalt der Nachricht (und damit desto größer der Informationsgehalt der Nachricht für diesen Empfänger). Dadurch werden für eine zu entwickelnde „Mathematik der Information" die Ergebnisse der Stochastik nutzbar.

Da wir von einer empfangenen Nachricht für die Bestimmung ihres Informationsgehalts nur noch die Wahrscheinlichkeit betrachten, mit der ein Empfänger diese Nachricht erwartet hat, können wir den Begriff **Nachricht** sehr weit fassen. Eine Nachricht ist jedes Ereignis, dass mit einer gewissen Wahrscheinlichkeit auftritt. Im folgenden Kapitel werden wir deshalb einen Zusammenhang zwischen einer Wahrscheinlichkeit, also einer reellen Zahl aus dem Intervall $[0, 1]$, und der dazugehörigen Informationsmenge herstellen.

2

2.1 Wahrscheinlichkeit und Informationsmenge

Im Folgenden suchen wir eine Funktion I definiert auf dem Intervall $[0, 1]$, die jeder Wahrscheinlichkeit $p \in [0, 1]$ eine Informationsmenge $I(p)$ zuordnet; von dieser Funktion I werden gewisse Eigenschaften gefordert:

(I1) Die Funktion $I : [0, 1] \to [0, \infty]$ soll auf dem offenen Intervall $(0, 1)$ stetig sein.
   Diese Forderung bedarf wohl keiner Erklärung. Niemand wird ernsthaft Unstetigkeiten fordern oder zulassen wollen.

(I2) $I\left(\frac{1}{2}\right) = 1$.
   Man kann nur messen, wenn man eine Einheit festgelegt hat (wie zum Beispiel das Urmeter als Einheit der Längenmessung in Paris). Diese Forderung legt nun als Einheit die Informationsmenge Eins für die Wahrscheinlichkeit $\frac{1}{2}$ fest.

(I3) $I(pq) = I(p) + I(q)$ für alle $p, q \in (0, 1)$.
   Tritt ein Ereignis A mit der Wahrscheinlichkeit p auf und tritt ein Ereignis B mit der Wahrscheinlichkeit q auf, so gelten diese Ereignisse als stochastisch unabhängig, wenn das gemeinsame Auftreten von A und B mit Wahrscheinlichkeit pq erfolgt. In diesem Fall beeinflusst das Auftreten von A nicht die Wahrscheinlichkeit für das Auftreten von B und umgekehrt. Es ist daher sinnvoll, die Informationsmenge, die das gemeinsame Auftreten von A und B beinhaltet, als Summe der einzelnen Informationsmengen (von A und von B) festzulegen.

(I4) $I(0) = \lim\limits_{\substack{p \to 0 \\ p \in (0,1)}} I(p), \; I(1) = \lim\limits_{\substack{p \to 1 \\ p \in (0,1)}} I(p)$
   Diese vierte Forderung ist wiederum ein Stetigkeitsargument.

Nun soll in einem ersten Resultat gezeigt werden, dass die Funktion I auf dem Intervall $(0, 1)$ durch die ersten drei Eigenschaften eindeutig festgelegt ist.

© Springer-Verlag Berlin Heidelberg 2015
S. Schäffler, *Mathematik der Information*, Springer-Lehrbuch Masterclass,
DOI 10.1007/978-3-662-46382-6_2

Theorem 2.1 (Eindeutigkeit der Funktion I) *Es gibt genau eine Funktion*

$$h : (0, 1) \to (0, \infty)$$

mit:

(i)   h ist stetig.
(ii) $h\left(\frac{1}{2}\right) = 1$.
(iii) $h(pq) = h(p) + h(q)$ für alle $p, q \in (0, 1)$.

Diese Funktion ist die Umkehrfunktion zu

$$f : (0, \infty) \to (0, 1), \quad x \mapsto 2^{-x}$$

und damit der negative Logarithmus dualis auf dem Intervall $(0, 1)$ (bezeichnet mit: $-\mathrm{ld}_{(0,1)}$). Es gilt:

$$\lim_{\substack{x \to 0 \\ x > 0}} x \cdot (-\mathrm{ld}_{(0,1)}(x)) = 0. \qquad \qquad \lhd$$

Beweis Seien $n, m \in \mathbb{N}$, so gilt für eine Funktion

$$h : (0, 1) \to (0, \infty)$$

mit den Eigenschaften (i)–(iii):

$$h\left(2^{-n}\right) = h\left(\left(\frac{1}{2}\right)^{n}\right) = n \cdot h\left(\frac{1}{2}\right) = n.$$

Ferner erhalten wir aus

$$n = h\left(\left(\frac{1}{2}\right)^{n}\right) = h\left(\left(\left(\frac{1}{2}\right)^{\frac{n}{m}}\right)^{m}\right) = mh\left(\left(\frac{1}{2}\right)^{\frac{n}{m}}\right)$$

die Gleichung

$$h\left(2^{-\frac{n}{m}}\right) = h\left(\left(\frac{1}{2}\right)^{\frac{n}{m}}\right) = \frac{n}{m}.$$

Sei nun $y \in (0, 1)$, so gibt es ein eindeutiges $x \in (0, \infty)$ mit $y = 2^{-x}$. Da $\mathbb{Q}$ dicht in $\mathbb{R}$ liegt, gibt es zwei Folgen $\{m_i\}_{i \in \mathbb{N}}$ und $\{n_i\}_{i \in \mathbb{N}}$ natürlicher Zahlen mit

$$\lim_{i \to \infty} \frac{n_i}{m_i} = x.$$

Aus der Stetigkeit von f und h folgt:

$$h\left(2^{-x}\right) = h\left(2^{-\lim\limits_{i\to\infty}\frac{n_i}{m_i}}\right) = h\left(\lim_{i\to\infty} 2^{-\frac{n_i}{m_i}}\right) =$$

$$= \lim_{i\to\infty} h\left(2^{-\frac{n_i}{m_i}}\right) = \lim_{i\to\infty} h\left(\left(\frac{1}{2}\right)^{\frac{n_i}{m_i}}\right) =$$

$$= \lim_{i\to\infty} \frac{n_i}{m_i} = x.$$

Es gilt also: $h = -\mathrm{ld}_{(0,1)}$.

Für $x > 0$ ist

$$e^x = \sum_{k=0}^{\infty} \frac{x^k}{k!} = 1 + x + \frac{x^2}{2} + \sum_{k=3}^{\infty} \frac{x^k}{k!} > \frac{x^2}{2}.$$

Somit erhalten wir:

$$0 \leq \lim_{\substack{x\to 0 \\ x>0}} x \cdot \left(-\mathrm{ld}_{(0,1)}(x)\right) = \lim_{y\to\infty} \frac{1}{y\ln(2)} \cdot \left(-\ln_{(0,1)}\left(\frac{1}{y}\right)\right) = \lim_{y\to\infty} \frac{\ln(y)}{y\ln(2)} =$$

$$= \lim_{y\to\infty} \frac{\ln(y)}{e^{\ln(y)}\ln(2)} = \lim_{z\to\infty} \frac{z}{e^z\ln(2)} \leq \lim_{z\to\infty} \frac{z}{\frac{z^2}{2}\ln(2)} =$$

$$= 0. \hspace{4cm} \text{q.e.d.}$$

Aus diesem Resultat folgt, dass unsere gesuchte Funktion I auf dem Intervall $(0, 1)$ durch die Funktion $-\mathrm{ld}_{(0,1)}$ festgelegt ist. Da

$$\lim_{\substack{p\to 1 \\ p\in(0,1)}} \left(-\mathrm{ld}_{(0,1)}(p)\right) = -\mathrm{ld}(1) = 0 \quad \text{und}$$

$$\lim_{\substack{p\to 0 \\ p\in(0,1)}} \left(-\mathrm{ld}_{(0,1)}(p)\right) = \lim_{\substack{p\to 0 \\ p\in(0,1)}} \left(-\mathrm{ld}(p)\right) = \infty,$$

folgt (siehe Abb. 2.1):

$$I(0) = \infty \quad \text{und} \quad I(1) = 0.$$

Mit der in der Maßtheorie üblichen Festlegung

$$\infty + a = a + \infty = \infty \quad \text{für alle} \quad a \in \mathbb{R} \cup \{\infty\}$$

gilt sogar

$$I(pq) = I(p) + I(q) \quad \text{für alle} \quad p, q \in [0, 1].$$

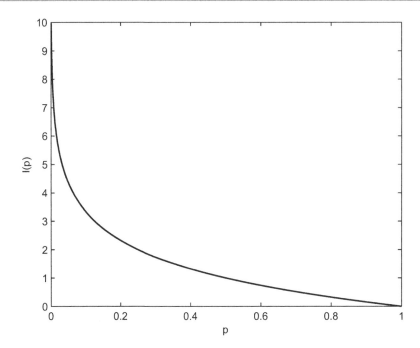

Abb. 2.1 Die Funktion I

Die Informationsmenge besitzt auch eine Einheit; sie wird in **bit** gemessen. Diese Wahl ist naheliegend, wenn man sich folgende Spezialfälle betrachtet, wobei der Index „b" bedeutet, dass das Binärsystem zugrunde gelegt ist:

$$I\left(\frac{1}{2}\right) = I(0.1_b) = 1 \text{ bit},$$

$$I\left(\left(\frac{1}{2}\right)^k\right) = I(0.\underbrace{0\ldots01_b}_{k \text{ Stellen}}) = k \text{ bit},$$

$$3 \text{ bit} = I\left(\frac{1}{8}\right) = I(0.001_b) \leq$$

$$\leq I(0.\overline{0001}_b) = I\left(\frac{1}{15}\right) = 3.9069\ldots \text{ bit} <$$

$$< I(0.0001_b) = 4 \text{ bit}.$$

Die Informationsmenge einer Zahl $p \in (0, 1]$ kann also mit

$$\lfloor p \rfloor := \min\left\{k \in \mathbb{N}_0; \; \left(\frac{1}{2}\right)^k \geq p\right\}$$

durch

$$\lfloor p \rfloor \leq I(p) < \lfloor p \rfloor + 1$$

abgeschätzt werden.

Da sich die Funktionen $-\text{ld}_{(0,1)}$ und $-\text{ld}$ auf dem Intervall $(0, 1)$ nicht unterscheiden, verwenden wir im Folgenden nur noch die Funktion $-\text{ld}$ bzw. ld. Hätten wir in Forderung [I2] für $\zeta > 1$ statt $I\left(\frac{1}{2}\right) = 1$ die Forderung $I\left(\frac{1}{\zeta}\right) = 1$ aufgestellt, so hätten wir als Ergebnis statt dem Logarithmus dualis den Logarithmus zur Basis ζ erhalten.

Um uns vom Begriff **Informationsmenge** gegeben durch die Funktion I eine Vorstellung machen zu können, betrachten wir folgendes

Beispiel 2.2 Am 31. Mai 2010 erhalten zwei Personen, A und B, von einer dritten Person – nennen wir sie C – die Nachricht, dass heute Bundespräsident Horst Köhler zurückgetreten ist. Person A wusste das bereits, während Person B nichts wusste und den Rücktritt eines Bundespräsidenten für unmöglich hielt. Ein und dieselbe Nachricht beinhaltet somit für die beiden Personen A und B völlig unterschiedliche Mengen an Information. Für Person A war die Wahrscheinlichkeit p_A, dass Horst Köhler zurücktritt, in dem Moment, als sie die Nachricht von Person C erhält, gleich Eins, denn sie kannte den Inhalt der Nachricht bereits. Somit war die Nachricht mit keinerlei Information verbunden:

$$I(p_A) = I(1) = -\text{ld}(1) = 0.$$

Für Person B war die Überraschung unendlich groß, da sie diesen Rücktritt für unmöglich hielt ($p_B = 0$):

$$I(p_B) = I(0) = \lim_{\substack{x \to 0 \\ x > 0}} -\text{ld}(x) = \infty.$$

Person C hatte eine weitere Nachricht parat, nämlich dass ebenfalls an diesem Tag die israelische Armee einen Schiffskonvoi des Free Gaza Movement geentert hatte. Beide Personen A und B haben mit Wahrscheinlichkeit $q_A = q_B = 0.75$ mit dieser Handlung gerechnet, da der Staat Israel dieses Vorgehen bereits mehrfach angekündigt hatte, wussten aber noch nichts davon. Intuitiv wird man die Gesamtmenge an Information, die die Person A durch diese beiden Nachrichten erhalten hat, auf

$$I(1) + I(0.75) = 0 - \text{ld}(0.75) \approx 0.415 \, \text{bit}$$

festlegen. Dies liegt daran, dass sich beide Ereignisse (Rücktritt des Bundespräsidenten und Militäraktion Israels) gegenseitig nicht beeinflussen. Die Wahrscheinlichkeit für das Eintreten beider Ereignisse ist somit gleich $p_A q_A$ für Person A bzw. $p_B q_B$ für Person B und es gilt wegen (iii) für Person A:

$$I(p_A q_A) = I(p_A) + I(q_A) = 0 - \text{ld}(0.75) = -\text{ld}(0.75) \approx 0.415 \, \text{bit}.$$

Wie sieht nun die Gesamtmenge an Information für Person B aus? Wegen $0 \cdot 0.75 = 0$ und wegen der Festlegung

$$\infty + a = a + \infty = \infty \quad \text{für alle} \quad a \in \mathbb{R} \cup \{\infty\}$$

gilt:

$$\infty = I(0) = I(p_B q_B) = I(0 \cdot 0.75) = I(0) + I(0.75) = \infty - \mathrm{ld}(0.75) = \infty. \quad \triangleleft$$

2.2 Die mittlere Informationsmenge eines Zeichens

Wie in Tab. 1.1 zusammengefasst, gibt es in einem deutschen Text für jedes Zeichen eine bestimmte Auftrittswahrscheinlichkeit. Wählt man nun in einem deutschen Text irgendeine Stelle aus und betrachtet man das Zeichen, welches dort steht, so erhält man durch das Erkennen dieses Zeichens eine bestimmte Menge an Information, die in folgender Tab. 2.1 dokumentiert ist.

Tab. 2.1 Informationsmenge pro Zeichen

Nr.	Zeichen	W	$-\mathrm{ld}(W)$ [bit]	Nr.	Zeichen	W	$-\mathrm{ld}(W)$ [bit]
1	„Leerzeichen"	0.15149	2.72271	16	O	0.01772	5.81848
2	E	0.14700	2.76611	17	B	0.01597	5.96849
3	N	0.08835	3.50063	18	Z	0.01423	6.13492
4	R	0.06858	3.86607	19	W	0.01420	6.13797
5	I	0.06377	3.97098	20	F	0.01360	6.20025
6	S	0.05388	4.21411	21	K	0.00956	6.70877
7	T	0.04731	4.40171	22	V	0.00735	7.08804
8	D	0.04385	4.51128	23	Ü	0.00580	7.42973
9	H	0.04355	4.52118	24	P	0.00499	7.64674
10	A	0.04331	4.52916	25	Ä	0.00491	7.67006
11	U	0.03188	4.97120	26	Ö	0.00255	8.61529
12	L	0.02931	5.09246	27	J	0.00165	9.24331
13	C	0.02673	5.22540	28	Y	0.00017	12.52218
14	G	0.02667	5.22864	29	Q	0.00015	12.70275
15	M	0.02134	5.55030	30	X	0.00013	12.90920

Die mittlere Informationsmenge $\bar{I}$ pro Zeichen ergibt sich nun zu

$$
\begin{aligned}
\bar{I} = \quad & 0.15149 \cdot 2.72271 + 0.14700 \cdot 2.76611 + 0.08835 \cdot 3.50063 + \\
& + 0.06858 \cdot 3.86607 + 0.06377 \cdot 3.97098 + 0.05388 \cdot 4.21411 + \\
& + 0.04731 \cdot 4.40171 + 0.04385 \cdot 4.51128 + 0.04355 \cdot 4.52118 + \\
& + 0.04331 \cdot 4.52916 + 0.03188 \cdot 4.97120 + 0.02931 \cdot 5.09246 + \\
& + 0.02673 \cdot 5.22540 + 0.02667 \cdot 5.22864 + 0.02134 \cdot 5.55030 + \\
& + 0.01772 \cdot 5.81848 + 0.01597 \cdot 5.96849 + 0.01423 \cdot 6.13492 + \\
& + 0.01420 \cdot 6.13797 + 0.01360 \cdot 6.20025 + 0.00956 \cdot 6.70877 + \\
& + 0.00735 \cdot 7.08804 + 0.00580 \cdot 7.42973 + 0.00499 \cdot 7.64674 + \\
& + 0.00491 \cdot 7.67006 + 0.00255 \cdot 8.61529 + 0.00165 \cdot 9.24331 + \\
& + 0.00017 \cdot 12.52218 + 0.00015 \cdot 12.70275 + 0.00013 \cdot 12.90920 = \\
= \quad & 4.11461 \text{ bit}.
\end{aligned}
$$

Vergleicht man dieses Ergebnis mit der aus Tab. 1.1 berechneten mittleren Wortlänge $L = 4.14834$ Bits, so zeigt sich, dass die Codierung in Tab. 1.1 praktisch nicht mehr verbessert werden kann (vgl. Abschn. 3.3).

Teil II
Abzählbare Systeme

Die Entropie

3

3.1 Diskrete Wahrscheinlichkeitsräume

In diesem Kapitel betrachten wir Zufallsexperimente, also Experimente, von denen man zwar einerseits genau weiß, welche Ergebnisse möglich sind, man andererseits bei der Durchführung des Experiments ein Ergebnis im Allgemeinen nicht exakt, sondern nur mit einer bestimmten Wahrscheinlichkeit vorhersagen kann. Im letzten Abschnitt wurde ein solches Experiment beschrieben, indem man in einem deutschen Text an einer bestimmten Stelle untersucht, welches Zeichen dort steht. Dabei haben wir ein Alphabet von 30 verschiedenen Zeichen zugrunde gelegt; für dieses Experiment standen somit 30 verschiedene Ergebnisse und die entsprechenden Wahrscheinlichkeiten zur Verfügung. An diesem Beispiel erkennt man, dass der Begriff **Experiment** sehr weit gefasst und nicht auf naturwissenschaftliche Experimente beschränkt ist. Auch der Empfang einer Nachricht wird in diesem Zusammenhang als Experiment betrachtet, wobei das Ergebnis des Experiments die Nachricht selbst ist. Das Besondere an den Zufallsexperimenten dieses Kapitels ist nun, dass die nichtleere Menge der möglichen Ergebnisse, die stets mit Ω bezeichnet wird, nur endlich viele oder abzählbar unendlich viele Elemente enthalten darf. Es gibt also eine Teilmenge $N \subseteq \mathbb{N}$ derart, dass eine Bijektion $N \rightarrow \Omega$ existiert. Ist nun für jedes $\omega \in \Omega$ die Wahrscheinlichkeit $\mathbb{P}(\{\omega\})$ dafür bekannt, dass wir als Ergebnis des Zufallsexperiments ω erhalten, so können wir jeder Teilmenge $A \subseteq \Omega$ von Ω durch

$$\mathbb{P}(A) := \sum_{\omega \in A} \mathbb{P}(\{\omega\})$$

eine Wahrscheinlichkeit dafür zuordnen, dass sich das Ergebnis des Zufallsexperiments in der Menge A befindet. Fordert man naheliegender Weise $\mathbb{P}(\Omega) = 1$ und $\mathbb{P}(\emptyset) = 0$, so erhält man eine Abbildung $\mathbb{P}$ mit folgenden Eigenschaften:

© Springer-Verlag Berlin Heidelberg 2015
S. Schäffler, *Mathematik der Information*, Springer-Lehrbuch Masterclass,
DOI 10.1007/978-3-662-46382-6_3

(P1) $\mathbb{P} : \mathcal{P}(\Omega) \to [0, 1]$, wobei $\mathcal{P}(\Omega)$ die Potenzmenge von Ω bezeichnet.

(P2) $\mathbb{P}(\emptyset) = 0, \mathbb{P}(\Omega) = 1$.

(P3) Für jede Folge $\{A_i\}_{i \in \mathbb{N}}$ paarweise disjunkter Mengen mit $A_i \in \mathcal{P}(\Omega)$, $i \in \mathbb{N}$, gilt:

$$\mathbb{P}\left(\bigcup_{i=1}^{\infty} A_i\right) = \sum_{i=1}^{\infty} \mathbb{P}(A_i).$$

Eine Teilmenge $A \subseteq \Omega$ wird als **Ereignis** bezeichnet; daher heißt die Potenzmenge von Ω auch **Ereignismenge**. Ein einelementiges Ereignis $\{\omega\}$ heißt **Elementarereignis**; man berechnet also stets die Wahrscheinlichkeit von Ereignissen. Zusammenfassend verwenden wir als mathematisches Objekt für ein Zufallsexperiment mit höchstens abzählbar vielen verschiedenen Ergebnissen das Tripel $(\Omega, \mathcal{P}(\Omega), \mathbb{P})$, das einen Spezialfall eines später allgemein zu definierenden Wahrscheinlichkeitsraumes darstellt.

Definition 3.1 (diskreter Wahrscheinlichkeitsraum)   Sei Ω eine nichtleere höchstens abzählbare Menge (es gibt also eine Teilmenge $N \subseteq \mathbb{N}$ derart, dass eine Bijektion $N \to \Omega$ existiert). Sei ferner $\mathcal{P}(\Omega)$ die Potenzmenge (also die Menge aller Teilmengen) von Ω und sei $\mathbb{P}$ eine Abbildung mit folgenden Eigenschaften:

(P1) $\mathbb{P} : \mathcal{P}(\Omega) \to [0, 1]$,

(P2) $\mathbb{P}(\emptyset) = 0, \mathbb{P}(\Omega) = 1$,

(P3) für jede Folge $\{A_i\}_{i \in \mathbb{N}}$ paarweise disjunkter Mengen mit $A_i \in \mathcal{P}(\Omega)$, $i \in \mathbb{N}$, gilt:

$$\mathbb{P}\left(\bigcup_{i=1}^{\infty} A_i\right) = \sum_{i=1}^{\infty} \mathbb{P}(A_i),$$

dann wird $(\Omega, \mathcal{P}(\Omega), \mathbb{P})$ als **diskreter Wahrscheinlichkeitsraum** bezeichnet.

Ω wird als **Ergebnismenge**, $\mathcal{P}(\Omega)$ als **Ereignismenge** und $\mathbb{P}$ als **Wahrscheinlichkeitsmaß auf** $\mathcal{P}(\Omega)$ bezeichnet.

Für $A \in \mathcal{P}(\Omega)$ heißt die reelle Zahl $\mathbb{P}(A)$ **Wahrscheinlichkeit für** A.   ◁

Beispiel 3.2   Beim Roulette erhält man für ein Spiel die Ergebnismenge

$$\Omega = \{0, 1, 2, \ldots, 35, 36\}.$$

Üblicherweise legt man für die Elementarereignisse die Wahrscheinlichkeiten

$$\mathbb{P}(\{\omega\}) = \frac{1}{37} \quad \left(= \frac{1}{|\Omega|}\right), \quad \omega \in \Omega,$$

fest, wobei $|A|$ die Anzahl der Elemente einer Menge A (Mächtigkeit von A) bezeichnet. Somit erhalten wir durch

$$\mathbb{P} : \mathcal{P}(\Omega) \to [0, 1], \quad A \mapsto \sum_{\omega \in A} \mathbb{P}(\{\omega\}) \quad \left(= \frac{|A|}{|\Omega|}\right)$$

ein Wahrscheinlichkeitsmaß auf $\mathcal{P}(\Omega)$. Jeder Spieler, der am Roulettetisch das Ergebnis eines Spiels zur Kenntnis nimmt, erhält dadurch die Informationsmenge

$$I\left(\frac{1}{37}\right) = -\text{ld}\left(\frac{1}{37}\right) = \text{ld}(37) \approx 5.21 \text{ bit.}$$

Betrachten wir nun das Ergebnis von acht Spielen, so wird man

$$\Omega_8 = \{0, 1, 2, \ldots, 35, 36\}^8$$

wählen und die Wahrscheinlichkeiten für die Elementarereignisse folgendermaßen festlegen:

$$\mathbb{P}(\{\omega\}) = \frac{1}{37^8} \quad \left(= \frac{1}{|\Omega_8|}\right), \quad \omega \in \Omega_8.$$

Somit erhalten wir durch

$$\mathbb{P} : \mathcal{P}(\Omega_8) \to [0, 1], \quad A \mapsto \sum_{\omega \in A} \mathbb{P}(\{\omega\}) \quad \left(= \frac{|A|}{|\Omega_8|}\right)$$

ein Wahrscheinlichkeitsmaß auf $\mathcal{P}(\Omega_8)$. Jeder Spieler, der am Roulettetisch die Ergebnisse von acht Spielen zur Kenntnis nimmt, erhält dadurch die Informationsmenge

$$I\left(\frac{1}{37^8}\right) = -\text{ld}\left(\frac{1}{37^8}\right) = 8 \cdot \text{ld}(37) \approx 41.68 \text{ bit.}$$

Nun ist es beim Roulette möglich, auf das Ereignis „gerade natürliche Zahl", also auf das Ereignis $G := \{2, 4, 6, \ldots, 34, 36\}$ zu setzen. Ein Spieler setzt in jedem der acht Spiele auf das Ereignis G und will natürlich wissen, mit welcher Wahrscheinlichkeit er m-mal gewinnt ($m = 0, 1, 2, \ldots, 7, 8$). Betrachtet man die Abbildung

$$X : \Omega_8 \to \{0, 1, 2, \ldots, 8\},$$

die zählt, wie oft in einem Tupel $\omega \in \Omega_8$ eine gerade natürliche Zahl vorkommt, so ergibt sich durch

$$\mathbb{P}_X(\{i\}) := \mathbb{P}\left(\{\omega \in \Omega_8; X(\omega) = i\}\right) = \binom{8}{i}\left(\frac{18}{37}\right)^i \left(\frac{19}{37}\right)^{8-i}, \quad i = 0, \ldots, 8,$$

(Binomialverteilung) ein Wahrscheinlichkeitsmaß $\mathbb{P}_X$ auf $\mathcal{P}(\{0, 1, 2, \ldots, 7, 8\})$, wobei

$$\binom{8}{i} := \frac{8!}{(8-i)!i!} \quad \text{(Binomialkoeffizient).}$$

Erzählt nun der Spieler seiner Frau nicht die einzelnen Ergebnisse der acht Spiele, sondern nur, wieviele von diesen acht Spielen er gewonnen hat, so ergeben sich für die Frau die folgenden möglichen Informationsmengen:

$$I(\mathbb{P}_X(\{0\})) = -8 \cdot \text{ld}\left(\frac{19}{37}\right) \approx 7.692 \text{ bit,}$$

$$I(\mathbb{P}_X(\{1\})) = -\text{ld}(8) - \text{ld}\left(\frac{18}{37}\right) - 7 \cdot \text{ld}\left(\frac{19}{37}\right) \approx 4.770 \text{ bit,}$$

$$I(\mathbb{P}_X(\{2\})) = -\text{ld}(28) - 2\,\text{ld}\left(\frac{18}{37}\right) - 6 \cdot \text{ld}\left(\frac{19}{37}\right) \approx 3.041 \text{ bit,}$$

$$I(\mathbb{P}_X(\{3\})) = -\text{ld}(56) - 3\,\text{ld}\left(\frac{18}{37}\right) - 5 \cdot \text{ld}\left(\frac{19}{37}\right) \approx 2.119 \text{ bit,}$$

$$I(\mathbb{P}_X(\{4\})) = -\text{ld}(70) - 4\,\text{ld}\left(\frac{18}{37}\right) - 4 \cdot \text{ld}\left(\frac{19}{37}\right) \approx 1.875 \text{ bit,}$$

$$I(\mathbb{P}_X(\{5\})) = -\text{ld}(56) - 5\,\text{ld}\left(\frac{18}{37}\right) - 3 \cdot \text{ld}\left(\frac{19}{37}\right) \approx 2.275 \text{ bit,}$$

$$I(\mathbb{P}_X(\{6\})) = -\text{ld}(28) - 6\,\text{ld}\left(\frac{18}{37}\right) - 2 \cdot \text{ld}\left(\frac{19}{37}\right) \approx 3.353 \text{ bit,}$$

$$I(\mathbb{P}_X(\{7\})) = -\text{ld}(8) - 7\,\text{ld}\left(\frac{18}{37}\right) - \text{ld}\left(\frac{19}{37}\right) \approx 5.238 \text{ bit,}$$

$$I(\mathbb{P}_X(\{8\})) = -8 \cdot \text{ld}\left(\frac{18}{37}\right) = 8.316 \text{ bit.} \qquad \triangleleft$$

3.2   Mittlere Informationsmenge

Im zweiten Kapitel haben wir die mittlere Informationsmenge eines Zeichens gemäß Tab. 1.1 berechnet und mit der mittleren Wortlänge der dort angegebenen Codierung verglichen. Man kann nun die mittlere Informationsmenge für jeden diskreten Wahrscheinlichkeitsraum einführen und kommt so zu einer zentralen Größe der Informationstheorie, die wir nun definieren.

Definition 3.3 ((Shannon-)Entropie) Sei $(\Omega, \mathcal{P}(\Omega), \mathbb{P})$ ein diskreter Wahrscheinlichkeitsraum, dann wird die mittlere Informationsmenge $\mathbb{S}_\mathbb{P}$ gegeben durch

$$\mathbb{S}_\mathbb{P} := \sum_{\omega \in \Omega} \mathbb{P}(\{\omega\}) I(\mathbb{P}(\{\omega\})) \quad \left(= -\sum_{\omega \in \Omega} \mathbb{P}(\{\omega\})\,\text{ld}(\mathbb{P}(\{\omega\}))\right)$$

als **Entropie** oder **Shannon-Entropie** bezeichnet (benannt nach CLAUDE ELWOOD SHANNON, dem Begründer der Informationstheorie). $\triangleleft$

Beispiel 3.4 Kommen wir zurück zum Roulette (Beispiel 3.2) und betrachten wir erneut den Spieler, der in acht Spielen jeweils auf das Ereignis

$$G = \{2, 4, 6, \ldots, 34, 36\}$$

setzt. Für acht Spiele ergibt sich ein diskreter Wahrscheinlichkeitsraum mit

$$\Omega_8 = \{0, 1, 2, \ldots, 35, 36\}^8$$

und

$$\mathbb{P}_8 : \mathcal{P}(\Omega_8) \to [0, 1], \quad A \mapsto \sum_{\omega \in A} \mathbb{P}(\{\omega\}) \quad \left(= \frac{|A|}{|\Omega_8|}\right).$$

Somit erhalten wir die mittlere Informationsmenge

$$\mathbb{S}_{\mathbb{P}_8} = -\sum_{\omega \in \Omega_8} \mathbb{P}_8(\{\omega\}) \operatorname{ld}(\mathbb{P}_8(\{\omega\})) = -\operatorname{ld}\left(\frac{1}{37^8}\right) = 8 \cdot \operatorname{ld}(37) \approx 41.68 \text{ bit}.$$

Erzählt nun der Spieler seiner Frau nicht die einzelnen Ergebnisse der acht Spiele, sondern nur, wie viele von diesen acht Spielen er gewonnen hat, so ergibt sich bekanntlich ein neuer diskreter Wahrscheinlichkeitsraum mit

$$\Omega_X = \{0, 1, 2, \ldots, 7, 8\}$$

und

$$\mathbb{P}_X : \mathcal{P}(\Omega_X) \to [0, 1], \quad A \mapsto \sum_{i \in A} \binom{8}{i} \left(\frac{18}{37}\right)^i \left(\frac{19}{37}\right)^{8-i}.$$

Für die Entropie erhalten wir

$$\mathbb{S}_{\mathbb{P}_X} = -\sum_{i=0}^{8} \mathbb{P}_X(\{i\}) \operatorname{ld}(\mathbb{P}_X(\{i\})) \approx 2.5437 \text{ bit}.$$

Da sich aus einem Ergebnis der acht Roulettespiele immer die Anzahl der Spiele feststellen läßt, bei denen das Ereignis G eingetroffen ist, man aber umgekehrt aus der Kenntnis, wie oft bei acht Spielen das Ereignis G eingetroffen ist, nicht auf die Ergebnisse der acht Spiele schließen kann, erwartet man intuitiv, dass die Entropie $\mathbb{S}_{\mathbb{P}_8}$ größer ist als $\mathbb{S}_{\mathbb{P}_X}$, was durch die Berechnung auch bestätigt wird. Nehmen wir nun an, der Spieler informiert seine Frau über SMS, so würde sich zunächst die folgende binäre Codierung

$$0 \to 0 \qquad 1 \to 1 \qquad 2 \to 10$$
$$3 \to 11 \qquad 4 \to 100 \qquad 5 \to 101$$
$$6 \to 110 \qquad 7 \to 111 \qquad 8 \to 1000$$

mit einer mittleren Wortlänge von ca. 2.5684 Bits anbieten. Spielt der Spieler aber mehrere Achter-Serien und teilt seiner Frau zum Beispiel durch „200" mit, dass er in der ersten
Serie zweimal gewonnen hat, in der zweiten und dritten Serie jeweils nichts gewonnen
hat, so wäre die Binärdarstellung der drei Ziffern 2,0,0 von „200" gleich 1000, was auch
bedeuten könnte, dass eine Serie mit achtmaligem Gewinn oder zwei Serien mit vier-
maligem Gewinn in der ersten und keinem Gewinn in der zweiten Serie gespielt wurde.
Verwendet man allerdings zum Beispiel die binäre Codierung

$$0 \to 1110001 \quad 1 \to 11101 \quad 2 \to 110$$
$$3 \to 01 \qquad\qquad 4 \to 10 \qquad 5 \to 00$$
$$6 \to 1111 \qquad\; 7 \to 111001 \quad 8 \to 1110000$$

mit einer mitleren Wortlänge von ca. 2.5832 Bits, so sind Missverständnisse dieser Art
ausgeschlossen.   ◁

Wir werden im nächsten Abschnitt einen Algorithmus kennenlernen, der die in obigem
Beispiel angegebene eindeutig rekonstruierbare Codierung für die Zahlen $0, 1, \ldots, 7, 8$
und eine Codierung wie in Tab. 1.1 liefert.

Hat man einen diskreten Wahrscheinlichkeitsraum $(\Omega, \mathcal{P}(\Omega), \mathbb{P})$, eine nichtleere abzählbare Menge Ω_X und eine Abbildung

$$X : \Omega \to \Omega_X$$

gegeben, so erhält man durch

$$\mathbb{P}_X : \mathcal{P}(\Omega_X) \to [0, 1], \quad A \mapsto \mathbb{P}(\{\omega \in \Omega; X(\omega) \in A\})$$

einen diskreten Wahrscheinlichkeitsraum $(\Omega_X, \mathcal{P}(\Omega_X), \mathbb{P}_X)$. Wie der folgende Satz zeigt,
kann sich beim Übergang von $(\Omega, \mathcal{P}(\Omega), \mathbb{P})$ zu $(\Omega_X, \mathcal{P}(\Omega_X), \mathbb{P}_X)$ die Entropie nicht ver-
größern.

Theorem und Definition 3.5 (Entropie des Bildmaßes) *Gegeben sei ein diskreter Wahr-*
scheinlichkeitsraum $(\Omega, \mathcal{P}(\Omega), \mathbb{P})$, eine nichtleere abzählbare Menge Ω_X und eine Abbil-
dung

$$X : \Omega \to \Omega_X,$$

so ist

$$\mathbb{P}_X : \mathcal{P}(\Omega_X) \to [0, 1], \quad A \mapsto \mathbb{P}(\{\omega \in \Omega; X(\omega) \in A\})$$

ein Wahrscheinlichkeitsmaß und es gilt:

$$\mathbb{S}_{\mathbb{P}} \geq \mathbb{S}_{\mathbb{P}_X}.$$

*Das Wahrscheinlichkeitsmaß $\mathbb{P}_X$ wird als **Bildmaß** von $\mathbb{P}$ unter X bezeichnet.* ◁

Beweis Sei $\{B_i\}_{i \in \mathbb{N}}$ eine Folge paarweise disjunkter Mengen mit $B_i \in \mathcal{P}(\Omega_X)$, $i \in \mathbb{N}$:

$$\mathbb{P}_X(\emptyset) = \mathbb{P}(\{\omega \in \Omega; \, X(\omega) \in \emptyset\}) = \mathbb{P}(\emptyset) = 0$$

$$\mathbb{P}_X(\Omega_X) = \mathbb{P}(\{\omega \in \Omega; \, X(\omega) \in \Omega_X\}) = \mathbb{P}(\Omega) = 1$$

$$\mathbb{P}_X\left(\bigcup_{i=1}^{\infty} B_i\right) = \mathbb{P}\left(\left\{\omega \in \Omega; \, X(\omega) \in \bigcup_{i=1}^{\infty} B_i\right\}\right) =$$

$$= \mathbb{P}\left(\bigcup_{i=1}^{\infty} \{\omega \in \Omega; \, X(\omega) \in B_i\}\right) =$$

$$= \sum_{i=1}^{\infty} \mathbb{P}\left(\{\omega \in \Omega; \, X(\omega) \in B_i\}\right) = \sum_{i=1}^{\infty} \mathbb{P}_X\left(B_i\right),$$

da die Mengen $\{\omega \in \Omega; \, X(\omega) \in B_i\}$, $i \in \mathbb{N}$, paarweise disjunkt sind.

$$\mathbb{S}_{\mathbb{P}} = -\sum_{\omega \in \Omega} \mathbb{P}(\{\omega\}) \, \text{ld}\left(\mathbb{P}(\{\omega\})\right) = -\sum_{\omega_X \in \Omega_X} \sum_{\{\omega \in \Omega; X(\omega) = \omega_X\}} \mathbb{P}(\{\omega\}) \, \text{ld}\left(\mathbb{P}(\{\omega\})\right) \geq$$

$$\geq -\sum_{\omega_X \in \Omega_X} \sum_{\{\omega \in \Omega; X(\omega) = \omega_X\}} \mathbb{P}(\{\omega\}) \, \text{ld}\left(\mathbb{P}_X(\{\omega_X\})\right) =$$

$$= -\sum_{\omega_X \in \Omega_X} \text{ld}\left(\mathbb{P}_X(\{\omega_X\})\right) \sum_{\{\omega \in \Omega; X(\omega) = \omega_X\}} \mathbb{P}(\{\omega\}) =$$

$$= -\sum_{\omega_X \in \Omega_X} \text{ld}\left(\mathbb{P}_X(\{\omega_X\})\right) \mathbb{P}_X(\{\omega_X\}) =$$

$$= \mathbb{S}_{\mathbb{P}_X}. \qquad \qquad \text{q.e.d.}$$

Im folgenden Theorem untersuchen wir die maximale Entropie bei endlichen Ergebnismengen.

Theorem 3.6 (maximale Entropie bei endlichen Ergebnismengen) *Sei Ω eine nichtleere Menge mit $k \in \mathbb{N}$ Elementen, dann gilt für jedes Wahrscheinlichkeitsmaß $\mathbb{P}$ auf $\mathcal{P}(\Omega)$:*

$$\mathbb{S}_{\mathbb{P}} \leq \text{ld}(k).$$

Gleichheit gilt genau dann, wenn

$$\mathbb{P}(\{\omega\}) = \frac{1}{k} \quad \textit{für alle} \quad \omega \in \Omega. \qquad \lhd$$

Beweis Betrachtet man die Funktion

$$f : [0, 1] \to \mathbb{R}, \quad x \mapsto \begin{cases} 0 & \text{falls } x = 0 \\ x \, \mathrm{ld}(x) & \text{falls } x \neq 0 \end{cases},$$

so ist f strikt konvex. Mit der Ungleichung von Jensen folgt:

$$f\left(\frac{1}{k} \sum_{i=1}^{k} x_k\right) \leq \frac{1}{k} \sum_{i=1}^{k} f(x_k), \quad x_1, \ldots, x_k \in [0, 1],$$

wobei Gleichheit genau dann gilt, wenn $x_1 = x_2 = \ldots = x_k$.
    Mit

$$\Omega = \{\omega_1, \ldots, \omega_k\}$$

setzen wir nun

$$x_i = \mathbb{P}(\{\omega_i\}), \quad i = 1, \ldots, k$$

und erhalten

$$\frac{1}{k} \, \mathrm{ld}\left(\frac{1}{k}\right) \leq \frac{1}{k} \sum_{i=1}^{k} \mathbb{P}(\{\omega_i\}) \, \mathrm{ld}(\mathbb{P}(\{\omega_i\}))$$

bzw.

$$\mathrm{ld}\,(k) \geq - \sum_{i=1}^{k} \mathbb{P}(\{\omega_i\}) \, \mathrm{ld}(\mathbb{P}(\{\omega_i\})),$$

wobei Gleichheit genau dann gilt, wenn

$$\mathbb{P}(\{\omega_i\}) = \frac{1}{k}, \quad i = 1, \ldots, k. \qquad \textbf{q.e.d.}$$

Im folgenden Beispiel betrachten wir ein Zufallsexperiment mit $\Omega = \mathbb{N}$ und endlicher Entropie.

Beispiel 3.7 Bei einer Münze werde vorausgesetzt, dass „Kopf" mit Wahrscheinlichkeit $p \in (0, 1)$ und „Zahl" mit Wahrscheinlichkeit $(1 - p)$ auftritt. Betrachtet man ein Zufallsexperiment, bei dem die Münze so oft geworfen wird, bis zum ersten Mal „Kopf" erscheint und als Ergebnis die Anzahl der dafür nötigen Würfe notiert wird, so ist $\Omega = \mathbb{N}$ und durch

$$\mathbb{P}(\{i\}) = p(1 - p)^{i-1}, \quad i \in \mathbb{N} \quad \text{(geometrische Verteilung)}$$

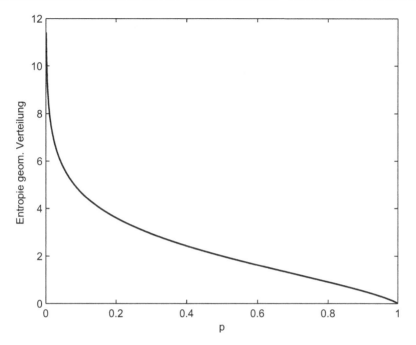

Abb. 3.1 Die Entropie der geometrischen Verteilung

ist das entsprechende Wahrscheinlichkeitsmaß auf $\mathcal{P}(\mathbb{N})$ gegeben. Für die Entropie gilt:

$$\mathbb{S}_{\mathbb{P}} = -\sum_{i=1}^{\infty} p(1-p)^{i-1} \operatorname{ld}\left(p(1-p)^{i-1}\right) =$$

$$= -p \operatorname{ld}(p) \sum_{i=1}^{\infty} (1-p)^{i-1} - p \operatorname{ld}(1-p) \sum_{i=1}^{\infty} (i-1)(1-p)^{i-1} =$$

$$= -\operatorname{ld}(p) - p \operatorname{ld}(1-p) \frac{1-p}{p^2} = -\operatorname{ld}(p) - \operatorname{ld}(1-p) \frac{(1-p)}{p}.$$

Ist die Münze fair $\left(p = \frac{1}{2}\right)$, so ergibt sich eine Entropie von 2 bit. Ferner gilt (Abb. 3.1):

$$\lim_{p \to 0} \mathbb{S}_{\mathbb{P}} = \infty, \quad \lim_{p \to 1} \mathbb{S}_{\mathbb{P}} = 0. \qquad \triangleleft$$

3.3 Huffman-Codierung

Im Jahre 1952 hat DAVID A. HUFFMAN (1925–1999) eine Codierung von Wahrscheinlichkeiten vorgeschlagen, bei der kein Codewort Anfang eines anderen Codeworts sein kann (eindeutige Rekonstruierbarkeit) und die unter dieser Voraussetzung optimal (also mit minimaler mittlerer Wortlänge) ist. Wir demonstrieren die Huffman-Codierung am Beispiel des Roulette-Spielers, der in acht Spielen auf das Ereignis $G = \{2, 4, 6, \ldots, 34, 36\}$ setzt und seiner Frau die Anzahl der gewonnenen Spiele durch eine SMS mitteilt. Aus Beispiel 3.2 kennen wir die folgenden – der Größe nach sortierten – Wahrscheinlichkeiten, wobei im Index die dazugehörige Anzahl der gewonnenen Spiele notiert ist (sind zwei oder mehr Wahrscheinlichkeiten gleich, wählt man die Reihenfolge der gleichen Wahrscheinlichkeiten zufällig):

$$0.27264_4$$

$$0.23023_3$$

$$0.20663_5$$

$$0.12151_2$$

$$0.09788_6$$

$$0.03665_1$$

$$0.02649_7$$

$$0.00484_0$$

$$0.00313_8$$

Im ersten Schritt addieren wir die beiden kleinsten Wahrscheinlichkeiten und notieren in dem Tupel $\tau_1 = (0, 8)$ die beiden Ergebnisse (genauer: Elementarereignisse), die zu den addierten Wahrscheinlichkeiten gehören; dabei werden die Ergebnisse in der Reihenfolge nach fallenden zugehörigen Wahrscheinlichkeiten notiert (also hier 0 vor 8; bei gleichen Wahrscheinlichkeiten wählt man zufällig). Es ergibt sich $0.00797_{\tau_1=(0,8)}$. Diese neue Wahrscheinlichkeit wird nun in die obige Liste an passender Stelle eingefügt (Sortierung der Größe nach) und die beiden addierten Wahrscheinlichkeiten werden entfernt. Es ergeben sich die folgenden Wahrscheinlichkeiten:

$$0.27264_4$$

$$0.23023_3$$

$$0.20663_5$$

$$0.12151_2$$

$$0.09788_6$$

$$0.03665_1$$

$$0.02649_7$$

$$0.00797_{\tau_1=(0,8)}.$$

Addiert man wieder die beiden kleinsten Wahrscheinlichkeiten und notiert in dem Tupel $\tau_2 = (7, \tau_1)$ die beiden Indizes, die - der Größe nach - zu den addierten Wahrscheinlichkeiten gehören, so erhält man:

$$0.27264_4$$

$$0.23023_3$$

$$0.20663_5$$

$$0.12151_2$$

$$0.09788_6$$

$$0.03665_1$$

$$0.03446_{\tau_2 = (7, \tau_1)}.$$

Diese Vorgehensweise wird nun fortgesetzt, bis nur noch die Wahrscheinlichkeit 1 bleibt:

0.27264_4	0.27264_4	$0.29050_{\tau_5 = (\tau_4, 2)}$	$0.43686_{\tau_6 = (3, 5)}$
0.23023_3	0.23023_3	0.27264_4	0.29050_{τ_5}
0.20663_5	0.20663_5	0.23023_3	0.27264_4
0.12151_2	$0.16899_{\tau_4 = (6, \tau_3)}$	0.20663_5	
0.09788_6	0.12151_2		
$0.07111_{\tau_3 = (1, \tau_2)}$			

und

$$0.56314_{\tau_7 = (\tau_5, 4)} \quad 1_{\tau_8 = (\tau_7, \tau_6)}$$

$$0.43686_{\tau_6}$$

Nun beginnt die Zuordnung der binären Zeichen zu den Ergebnissen

$$0, 1, 2, \ldots, 7, 8.$$

Man beginnt mit dem Tupel, das den größten Index hat, also $\tau_8 = (\tau_7, \tau_6)$. Dem ersten Element des Tupels wird das Bit 1 zugeordnet, dem zweiten das Bit 0, also

$$1 \to \tau_7 \quad 0 \to \tau_6.$$

Macht man mit $\tau_7 = (\tau_5, 4)$ weiter, so wird dem ersten Element τ_5 wieder 1 zugeordnet, dem zweiten (also dem Ergebnis 4) das Bit 0. Da aber τ_7 bereits das Bit 1 zugeordnet wurde, werden die Zuordnungen für τ_5 und für das Ergebnis 4 dem Bit 1 angehängt:

$$11 \to \tau_5 \quad 10 \to 4.$$

Da $\tau_6 = (3, 5)$, wird dem ersten Element (also dem Ergebnis 3) wieder das Bit 1 zugeordnet, dem zweiten (also dem Ergebnis 5) das Bit 0. Da aber τ_6 bereits das Bit 0 zugeordnet wurde, werden die Zuordnungen für das Ergebnis 3 und für das Ergebnis 5 dem Bit 0 angehängt:

$$01 \rightarrow 3 \quad 00 \rightarrow 5.$$

Mit $\tau_5 = (\tau_4, 2)$ wird τ_4 das Bit 1 zugeordnet, dem zweiten Element (also dem Ergebnis 2) das Bit 0. Da aber τ_5 bereits die Bitfolge 11 zugeordnet war, werden die Zuordnungen für τ_4 und für das Ergebnis 2 der Bitfolge 11 angehängt:

$$111 \rightarrow \tau_4 \quad 110 \rightarrow 2.$$

Mit $\tau_4 = (6, \tau_3)$ ergibt sich somit

$$1111 \rightarrow 6 \quad 1110 \rightarrow \tau_3$$

und wegen $\tau_3 = (1, \tau_2)$:

$$11101 \rightarrow 1 \quad 11100 \rightarrow \tau_2.$$

Aus $\tau_2 = (7, \tau_1)$ folgt

$$111001 \rightarrow 7 \quad 111000 \rightarrow \tau_1$$

und schließlich wegen $\tau_1 = (0, 8)$:

$$1110001 \rightarrow 0 \quad 1110000 \rightarrow 8.$$

Zusammenfassend erhalten wir somit die in Beispiel 3.4 angegebene Zuordnung:

$$
\begin{array}{lll}
0 \rightarrow 1110001 & 1 \rightarrow 11101 & 2 \rightarrow 110 \\
3 \rightarrow 01 & 4 \rightarrow 10 & 5 \rightarrow 00 \\
6 \rightarrow 1111 & 7 \rightarrow 111001 & 8 \rightarrow 1110000.
\end{array}
$$

Man hätte dem ersten Element eines Tupels auch das Bit 0 und dem zweiten Element das Bit 1 zuordnen können; man muss die einmal gewählte Strategie aber konsequent für alle Tupel durchhalten.

Die Idee von David Huffman kann nicht nur zur Binärcodierung verwendet werden, sondern funktioniert wesentlich allgemeiner. Bleiben wir bei obigem Beispiel mit neun Wahrscheinlichkeiten und nehmen wir nun an, dass der Zeichenvorrat für die Codierung nicht aus $\{0, 1\}$, sondern aus $\{a, b, c, d\}$ besteht. Da wir jetzt vier Zeichen haben, müssen auch immer die vier kleinsten Wahrscheinlichkeiten addiert werden. Aus neun Wahrscheinlichkeiten werden also nach dem ersten Schritt sechs Wahrscheinlichkeiten und schließlich drei Wahrscheinlichkeiten. Um also immer vier Wahrscheinlichkeiten addieren zu können, fehlt am Ende eine Wahrscheinlichkeit. Dies korrigieren wir dadurch, dass wir ein künstliches neues Ergebnis $\bullet$ mit Wahrscheinlichkeit Null einführen:

$$0.27264_4$$
$$0.23023_3$$
$$0.20663_5$$
$$0.12151_2$$
$$0.09788_6$$
$$0.03665_1$$
$$0.02649_7$$
$$0.00484_0$$
$$0.00313_8$$
$$0_\bullet.$$

Es müssen also bei einem Zeichenvorrat mit k Zeichen für die Codierung maximal $k - 2$ neue Ergebnisse mit Wahrscheinlichkeit Null ergänzt werden. Der erste Schritt ergibt nun

$$0.27264_4$$
$$0.23023_3$$
$$0.20663_5$$
$$0.12151_2$$
$$0.09788_6$$
$$0.03665_1$$
$$0.03446_{\tau_1 = (7,0,8,\bullet)},$$

wobei wir in $\tau_1 = (7, 0, 8, \bullet)$ die Ergebnisse nach fallenden Wahrscheinlichkeiten geordnet haben. Schritt zwei liefert:

$$0.29050_{\tau_2 = (2,6,1,\tau_1)}$$
$$0.27264_4$$
$$0.23023_3$$
$$0.20663_5$$

und schließlich

$$1_{\tau_3 = (\tau_2, 4, 3, 5)}.$$

Legt man nun die Strategie fest, dass zum Beispiel dem ersten Element eines Tupels τ das Symbol b, dem zweiten das Symbol c, dem dritten Element das Symbol a und dem vierten das Symbol d zugeordnet wird (was nun für alle Tupel zu geschehen hat), so folgt:

$$b \rightarrow \tau_2 \quad c \rightarrow 4 \quad a \rightarrow 3 \quad d \rightarrow 5$$

und wegen $\tau_2 = (2, 6, 1, \tau_1)$:

$$bb \rightarrow 2 \quad bc \rightarrow 6 \quad ba \rightarrow 1 \quad bd \rightarrow \tau_1.$$

Wegen $\tau_1 = (7, 0, 8, \bullet)$ erhalten wir schließlich

$$bdb \rightarrow 7 \quad bdc \rightarrow 0 \quad bda \rightarrow 8,$$

also insgesamt:

$$0 \rightarrow bdc \quad 1 \rightarrow ba \quad 2 \rightarrow bb$$
$$3 \rightarrow a \quad\ \ 4 \rightarrow c \quad\ \ 5 \rightarrow d$$
$$6 \rightarrow bc \quad 7 \rightarrow bdb \quad 8 \rightarrow bda.$$

Die mittlere Wortlänge ist nun etwa 1.32496. Es macht keinen Sinn, diesen Wert mit der mittleren Informationsmenge von ca. 2.5437 bit zu vergleichen, da bei der Codierung vier Zeichen zur Verfügung stehen, während bei der Festlegung der Funktion I zur Messung der Informationsmenge der Logarithmus zur Basis 2 gewählt wurde. Hätte man bei der Festlegung der Funktion I die Basis 4 gewählt, die der Anzahl der zur Verfügung stehenden Zeichen zur Codierung entspricht, so ergäbe sich für unser Beispiel eine Informationsmenge von ca. 1.27185, die einen sinnvollen Vergleichswert zur mittleren Wortlänge darstellt. Eine genaue Formulierung und Analyse der Huffman-Codierung findet man z. B. in [HeiQua95].

Das Maximum Entropie Prinzip

4

4.1 Maximale mittlere Informationsmenge unter Nebenbedingungen

In Theorem 3.6 wurde gezeigt, dass bei einer nichtleeren endlichen Ergebnismenge Ω durch

$$\mathbb{P}(\{\omega\}) = \frac{1}{|\Omega|}, \quad \omega \in \Omega \quad (|\Omega| \text{ Anzahl der Elemente von } \Omega)$$

das Wahrscheinlichkeitsmaß auf $\mathcal{P}(\Omega)$ mit maximaler Entropie gegeben ist. Nun untersuchen wir die gleiche Fragestellung unter Nebenbedingungen.

Seien $n \in \mathbb{N}$ und

$$f_\mathbb{S} : [0,1]^n \to \mathbb{R}_0^+, \quad \mathbf{x} = (x_1, \ldots, x_n) \mapsto -\sum_{j \in J_\mathbf{x}} x_j \, \mathrm{ld}(x_j)$$

mit

$$J_\mathbf{x} = \{k \in \{1, \ldots, n\}; \ x_k > 0\},$$

so ist $f_\mathbb{S}$ wegen

$$\lim_{x \to 0} x \, \mathrm{ld}(x) = 0$$

auf $[0,1]^n$ stetig und strikt konkav (siehe Theorem 2.1 und Abb. 4.1).

© Springer-Verlag Berlin Heidelberg 2015
S. Schäffler, *Mathematik der Information*, Springer-Lehrbuch Masterclass,
DOI 10.1007/978-3-662-46382-6_4

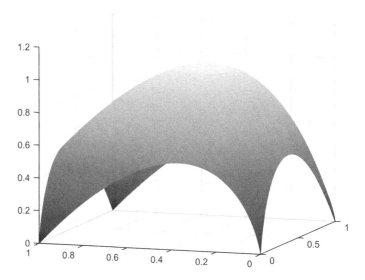

Abb. 4.1 $f_{\mathbb{S}}$ mit Definitionsmenge $[0,1]^2$

Wir betrachten das Maximierungsproblem

$$\max_{\mathbf{p}=(p_1,\dots,p_n)} \left\{ f_{\mathbb{S}}(\mathbf{p}); \qquad p_i \geq 0, \quad i=1,\dots,n, \right.$$

$$\sum_{i=1}^{n} p_i = 1,$$

$$\left. \mathbf{c}_r^{\top}\mathbf{p} = b_r, \quad r=1,\dots,m \right\}$$

mit $\mathbf{c}_r \in \mathbb{R}^n$, $r=1,\dots,m$. Der zulässige Bereich

$$R := \left\{ \qquad p_i \geq 0, \quad i=1,\dots,n, \right.$$

$$\sum_{i=1}^{n} p_i = 1,$$

$$\left. \mathbf{c}_r^{\top}\mathbf{p} = b_r, \quad r=1,\dots,m \right\}$$

dieses Maximierungsproblems ist entweder leer, besteht aus einem Punkt oder besteht aus unendlich vielen Punkten und bildet eine konvexe und kompakte Menge. Ist R nicht leer, so hat unser Maximierungsproblem mit strikt konkaver Zielfunktion daher stets eine eindeutige Lösung $\hat{\mathbf{p}}$. Sei nun $I \subseteq \{1,2,\dots,n\}$ die Menge aller Indizes i mit $\hat{p}_i > 0$, so sind die Komponenten $\hat{p}_i$, $i \in I$, von $\hat{\mathbf{p}}$ gegeben durch die eindeutige Lösung des nichtlinearen Gleichungssystems (Lagrange-Ansatz):

$$-\mathrm{ld}(p_i) - \frac{1}{\ln(2)} + \sum_{r=1}^{m} \lambda_r(\mathbf{c}_r)_i + \lambda_{m+1} = 0, \quad i \in I$$

$$\sum_{i \in I}(\mathbf{c}_1)_i \, p_i - b_1 = 0$$

$$\vdots$$

$$\sum_{i \in I}(\mathbf{c}_m)_i \, p_i - b_m = 0$$

$$\sum_{i \in I} p_i - 1 = 0$$

in den Variablen p_i, $i \in I$, $\lambda_1, \ldots, \lambda_{m+1}$. Wir erhalten:

$$p_i = \exp\left(\lambda_{m+1}\ln(2) - 1 + \ln(2)\sum_{r=1}^{m}\lambda_r(\mathbf{c}_r)_i\right), \quad i \in I$$

$$\sum_{i \in I}(\mathbf{c}_1)_i \, p_i - b_1 = 0$$

$$\vdots$$

$$\sum_{i \in I}(\mathbf{c}_m)_i \, p_i - b_m = 0$$

$$\sum_{i \in I} p_i - 1 = 0$$

bzw.

$$\lambda_{m+1} = \frac{1 - \ln\left(\sum_{i \in I}\exp\left(\ln(2)\sum_{r=1}^{m}\lambda_r(\mathbf{c}_r)_i\right)\right)}{\ln(2)}$$

$$p_i = \frac{2^{\sum_{r=1}^{m}\lambda_r(\mathbf{c}_r)_i}}{\sum_{i \in I} 2^{\sum_{r=1}^{m}\lambda_r(\mathbf{c}_r)_i}}, \quad i \in I$$

$$\sum_{i \in I}(\mathbf{c}_1)_i \, p_i - b_1 = 0$$

$$\vdots$$

$$\sum_{i \in I}(\mathbf{c}_m)_i \, p_i - b_m = 0.$$

Schließlich bleibt die eindeutige Lösung $\hat{\boldsymbol{\lambda}}$ des nichtlinearen Gleichungssystems in $\lambda_1, \ldots, \lambda_m$:

$$\sum_{i \in I} (\mathbf{c}_1)_i \frac{2^{\sum\limits_{r=1}^{m} \lambda_r (\mathbf{c}_r)_i}}{\sum\limits_{i \in I} 2^{\sum\limits_{r=1}^{m} \lambda_r (\mathbf{c}_r)_i}} - b_1 = 0$$

$$\vdots$$

$$\sum_{i \in I} (\mathbf{c}_m)_i \frac{2^{\sum\limits_{r=1}^{m} \lambda_r (\mathbf{c}_r)_i}}{\sum\limits_{i \in I} 2^{\sum\limits_{r=1}^{m} \lambda_r (\mathbf{c}_r)_i}} - b_m = 0$$

zu bestimmen.

Beispiel 4.1 Sei $\Omega = \{1, 2, 3, 4, 5, 6\}$ die Ergebnismenge bei einmaligem Werfen eines Würfels. Für welches Wahrscheinlichkeitsmaß $\mathbb{P}$ auf $\mathcal{P}(\Omega)$ ist die Entropie maximal, wenn das gemittelte Ergebnis μ durch

$$\mu := \sum_{i=1}^{6} i \cdot \mathbb{P}(\{i\}) = 3$$

festgelegt wird?

Es ist also das Maximierungsproblem

$$\max_{\mathbf{p}=(p_1, \ldots, p_6)} \left\{ f_{\mathbb{S}}(\mathbf{p}); \quad p_i \geq 0, \quad i = 1, \ldots, 6, \right.$$

$$\sum_{i=1}^{6} p_i = 1,$$

$$\left. \sum_{i=1}^{6} i \cdot p_i = 3 \right\}$$

zu lösen. Gehen wir zunächst davon aus, dass alle Komponenten der eindeutigen Lösung $\hat{\mathbf{p}}$ größer als Null sind, so ergibt sich:

$$\hat{p}_i = \frac{2^{\hat{\lambda} \cdot i}}{\sum\limits_{i=1}^{6} 2^{\hat{\lambda} \cdot i}}, \quad i = 1, \ldots, 6,$$

wobei für die Berechnung von $\hat{\lambda}$ die nichtlineare Gleichung

$$\sum_{i=1}^{6} i \cdot \frac{2^{\lambda \cdot i}}{\sum\limits_{i=1}^{6} 2^{\lambda \cdot i}} - 3 = 0$$

in λ zu lösen ist.

Setzt man $x := 2^{\lambda}$, so ist eine Lösung $\hat{x} > 0$ der nichtlinearen Gleichung

$$3x^5 + 2x^4 + x^3 - x - 2 = 0$$

gesucht. Da die Funktion

$$h : [0, \infty) \to \mathbb{R}, \quad x \mapsto 3x^5 + 2x^4 + x^3 - x - 2$$

strikt konvex ist, folgt aus $h(0) = -2$ und $h(1) = 3$ die Existenz einer eindeutigen Lösung $\hat{x} > 0$ von

$$3x^5 + 2x^4 + x^3 - x - 2 = 0$$

und damit die Existenz einer eindeutigen Lösung $\hat{\lambda}$ von

$$\sum_{i=1}^{6} i \cdot \frac{2^{\lambda \cdot i}}{\sum\limits_{i=1}^{6} 2^{\lambda \cdot i}} - 3 = 0.$$

Durch ein einfaches Bisektionsverfahren erhält man für die nichtlineare Gleichung

$$3x^5 + 2x^4 + x^3 - x - 2 = 0$$

die Approximation

$$\hat{x} \approx 0.84 \quad \text{(also } \hat{\lambda} \approx -0.2515)$$

der gesuchten Lösung.

Um also beim Würfeln im Mittel das Ergebnis $\mu = 3$ zu erhalten, müsste man für die maximale Entropie den Würfel so präparieren, dass

$$\mathbb{P}(\{1\}) \approx 0.247 \quad \mathbb{P}(\{2\}) \approx 0.207 \quad \mathbb{P}(\{3\}) \approx 0.174$$
$$\mathbb{P}(\{4\}) \approx 0.146 \quad \mathbb{P}(\{5\}) \approx 0.123 \quad \mathbb{P}(\{6\}) \approx 0.103$$

gilt. Für $\mu = 3.5$ hätten wir $\mathbb{P}(\{i\}) = \frac{1}{6}$ für $i = 1, \ldots, 6$ erhalten. ◁

Eine wichtige Anwendung der Maximum Entropie Methode ergibt sich in der statistischen Physik.

4.2   Statistische Physik

In einem Hohlkörper mit vorgegebenem Volumen befindet sich eine feste Anzahl N von Molekülen. Dieses thermodynamische System denken wir uns als abgeschlossen; es findet also keinerlei Wechselwirkung mit der Umgebung des Hohlraumes statt. Jedes Molekül in diesem Raum besitzt eine Energie (die sogenannte **innere Energie**), die durch seine mechanischen Eigenschaften (Masse, Geschwindigkeit) gegeben ist. Durch Kollision zweier Moleküle findet ein Austausch innerer Energie statt. Die Summe E_{sum} der inneren Energie aller Moleküle (und damit die mittlere Energie $E_M = E_{sum}/N$ pro Molekül) bleibt aber als Folge der Abgeschlossenheit des Systems konstant. Jedes Molekül kann zudem nur ein ganzzahliges Vielfaches $k \cdot E, k \in \mathbb{N}$, einer Energiemenge E als inneres Energieniveau annehmen. Nach den Hauptsätzen der Thermodynamik findet nun so lange ein Austausch innerer Energie zwischen den Molekülen statt, bis ein thermodynamischer Gleichgewichtszustand erreicht ist (siehe [Stier10]). Sei p_k die Wahrscheinlichkeit dafür, dass ein Molekül das innere Energieniveau $kE, k \in \mathbb{N}$, annimmt, so kann die Entropie

$$-\sum_{k=1}^{\infty} p_k \operatorname{ld}(p_k)$$

(wobei wieder $0 \cdot \operatorname{ld}(0) = 0$ gelten soll) unter der Bedingung

$$\sum_{k=1}^{\infty} p_k k E = E_M \quad \text{(konstante mittlere innere Energie } E_M \text{ pro Molekül)}$$

untersucht werden; dies macht offensichtlich nur für

$$0 < E \leq E_M$$

Sinn. Wählt man $E = E_M$, so ergibt sich sofort

$$p_1 = 1, \quad p_k = 0, \ k \in \mathbb{N} \setminus \{1\}.$$

Daher gehen wir nun von

$$0 < E < E_M$$

aus. Der thermodynamische Gleichgewichtszustand ist durch die Lösung des folgenden Maximierungsproblems

$$\max_{\{p_k\}_{k \in \mathbb{N}}} \left\{ -\sum_{k=1}^{\infty} p_k \, \text{ld}(p_k); \qquad p_k \geq 0, \, k \in \mathbb{N}, \right.$$

$$\sum_{k=1}^{\infty} p_k = 1,$$

$$\left. \sum_{k=1}^{\infty} p_k k E = E_M \right\}$$

charakterisiert.

Analog zum Fall mit endlich vielen Variablen erhalten wir die eindeutige Lösung

$$\hat{p}_k = \frac{2^{\hat{\lambda}kE}}{\sum\limits_{k=1}^{\infty} 2^{\hat{\lambda}kE}}, \quad k \in \mathbb{N},$$

falls $\hat{\lambda} < 0$ die Lösung der nichtlinearen Gleichung

$$\sum_{k=1}^{\infty} \frac{2^{\hat{\lambda}kE}}{\sum\limits_{k=1}^{\infty} 2^{\hat{\lambda}kE}} kE = E_M$$

darstellt, denn nur $\hat{\lambda} < 0$ garantiert

$$\sum_{k=1}^{\infty} 2^{\hat{\lambda}kE} < \infty.$$

Sei nun $x := 2^{\hat{\lambda}E}$, so ist also eine Lösung $\hat{x} > 0$ der nichtlinearen Gleichung

$$\frac{E \sum\limits_{k=1}^{\infty} x^k k}{\sum\limits_{k=1}^{\infty} x^k} = E_M$$

gesucht; für diese Lösung muss ferner

$$\hat{x} < 1 \quad \text{wegen} \quad \hat{\lambda} < 0$$

gelten. Da nun

$$\sum_{k=1}^{\infty} x^k = \frac{x}{1-x} \quad \text{und} \quad \sum_{k=1}^{\infty} x^k k = \frac{x}{(1-x)^2} \quad \text{mit} \quad 0 < x < 1,$$

ist die nichtlineare Gleichung

$$E\frac{x}{(1-x)^2} = E_M \frac{x}{1-x} \quad \text{mit} \quad 0 < x < 1$$

zu lösen. Es ergibt sich

$$\hat{x} = \frac{E_M - E}{E_M} \quad \text{und damit} \quad \hat{\lambda} = \frac{1}{E} \operatorname{ld}\left(\frac{E_M - E}{E_M}\right) < 0.$$

Für die maximale Entropie erhalten wir:

$$\mathbb{S}_{\max} = -\sum_{k=1}^{\infty} \hat{p}_k \operatorname{ld}(\hat{p}_k) = -\sum_{k=1}^{\infty} \frac{2^{\hat{\lambda}kE}}{\sum\limits_{k=1}^{\infty} 2^{\hat{\lambda}kE}} \operatorname{ld}\left(\frac{2^{\hat{\lambda}kE}}{\sum\limits_{k=1}^{\infty} 2^{\hat{\lambda}kE}}\right) =$$

$$= -\sum_{k=1}^{\infty} \frac{2^{\hat{\lambda}kE}}{\sum\limits_{k=1}^{\infty} 2^{\hat{\lambda}kE}} \operatorname{ld}\left(2^{\hat{\lambda}kE}\right) + \sum_{k=1}^{\infty} \frac{2^{\hat{\lambda}kE}}{\sum\limits_{k=1}^{\infty} 2^{\hat{\lambda}kE}} \operatorname{ld}\left(\sum_{k=1}^{\infty} 2^{\hat{\lambda}kE}\right) =$$

$$= -\hat{\lambda}\sum_{k=1}^{\infty} \frac{2^{\hat{\lambda}kE}}{\sum\limits_{k=1}^{\infty} 2^{\hat{\lambda}kE}} kE + \operatorname{ld}\left(\sum_{k=1}^{\infty} 2^{\hat{\lambda}kE}\right) = -\hat{\lambda}E_M + \operatorname{ld}\left(\frac{2^{\hat{\lambda}E}}{1 - 2^{\hat{\lambda}E}}\right) =$$

$$= -\hat{\lambda}E_M + \hat{\lambda}E - \operatorname{ld}\left(1 - 2^{\hat{\lambda}E}\right) =$$

$$= -\frac{E_M}{E}\operatorname{ld}\left(\frac{E_M - E}{E_M}\right) + \operatorname{ld}\left(\frac{E_M - E}{E_M}\right) - \operatorname{ld}\left(1 - 2^{\operatorname{ld}\left(\frac{E_M - E}{E_M}\right)}\right) =$$

$$= -\frac{E_M}{E}\operatorname{ld}\left(\frac{E_M - E}{E_M}\right) + \operatorname{ld}\left(\frac{E_M - E}{E_M}\right) - \operatorname{ld}\left(\frac{E}{E_M}\right) =$$

$$= -\operatorname{ld}\left(1 - \frac{E}{E_M}\right)\frac{1 - \frac{E}{E_M}}{\frac{E}{E_M}} - \operatorname{ld}\left(\frac{E}{E_M}\right) =$$

$$= -\operatorname{ld}\left(1 - e\right)\frac{1 - e}{e} - \operatorname{ld}\left(e\right) \quad \text{mit} \quad e = \frac{E}{E_M}.$$

Dies ist aber gerade die Entropie der geometrischen Verteilung von Beispiel 3.7 mit $p = e$.

Dieses Ergebnis soll nun physikalisch interpretiert werden. Nehmen wir an, dass die Energie wie üblich in Joule [J] gemessen wird, so ist in der Größe $-\hat{\lambda}$ durch

$$-\hat{\lambda} = \frac{1}{\beta T}$$

die Temperatur T in Kelvin [K] im Gleichgewichtszustand gegeben, wobei

$$\beta \approx 1.3806505 \cdot 10^{-23} \frac{J}{K} \quad \text{(Boltzmann'sche Konstante)}.$$

Somit wird die Größe $-\hat{\lambda}$ in der physikalischen Einheit $\left[\frac{1}{J}\right]$ angegeben und die berechneten Wahrscheinlichkeiten repräsentieren – wie erwartet – keine physikalischen Größen. Die Gleichung

$$\mathbb{S}_{\text{max}} = -\hat{\lambda} E_M + \hat{\lambda} E - \text{ld}\left(1 - 2^{\hat{\lambda} E}\right)$$

können wir nun in der für die Thermodynamik üblichen Form

$$\underbrace{NE + N\beta T \, \text{ld}\left(1 - 2^{-\frac{E}{\beta T}}\right)}_{=:F} = E_{\text{sum}} - N\beta T \mathbb{S}_{\text{max}}$$

notieren. Die Größe F wird als **freie Energie** bezeichnet. Die Gesamtenergie E_{sum} setzt sich zusammen aus der Energie $N\beta T \mathbb{S}_{\text{max}}$ (Wärmeenergie) und der freien Energie F, die angibt, wie viel mechanische Arbeit das System im Gleichgewichtszustand (etwa an den Innenwänden des Hohlraumes) leistet; ein Maß dafür ist das Produkt aus Druck und Volumen.

Die Tatsache, dass die Natur einen Gleichgewichtszustand mit maximaler Entropie herbeiführt, läßt sich informationstheoretisch folgendermaßen deuten: Die mittlere Informationsmenge, die man erhält, wenn man im Gleichgewichtszustand rein zufällig ein Molekül auswählt und als Ergebnis dessen innere Energie betrachtet, ist unter allen möglichen Zuständen des abgeschlossenen Systems maximal.

Der zweite Hauptsatz der Thermodynamik besagt nun, dass während der Zeit, die vergeht, bis die Natur die Entropie maximiert hat, diese nicht kleiner werden kann. Die Maximierung findet somit durch monoton steigende Entropien in der Zeit statt.

5

5.1 Suffizienz

Ausgehend von einem diskreten Wahrscheinlichkeitsraum $(\Omega, \mathcal{P}(\Omega), \mathbb{P})$ und einer Menge $B \subseteq \Omega$ mit $\mathbb{P}(B) > 0$ erhält man durch

$$\mathbb{P}^B : \mathcal{P}(\Omega) \to [0,1], \quad A \mapsto \frac{\mathbb{P}(A \cap B)}{\mathbb{P}(B)}$$

ein weiteres Wahrscheinlichkeitsmaß auf $\mathcal{P}(\Omega)$. Da $\mathbb{P}^B(B) = 1$, interpretiert man die Wahrscheinlichkeit $\mathbb{P}^B(A)$ als die Wahrscheinlichkeit des Ereignisses A unter der Bedingung, dass das Ereignis B sicher eintrifft (bedingte Wahrscheinlichkeit). Man hat sozusagen die Menge der möglichen Ergebnisse Ω auf die Menge B reduziert. Gilt nun $\mathbb{P}^B(A) = \mathbb{P}(A)$, so folgt daraus $\mathbb{P}(A \cap B) = \mathbb{P}(A) \cdot \mathbb{P}(B)$; in diesem Fall wird die Wahrscheinlichkeit für A durch die Reduktion der Menge der Ergebnisse von Ω auf B nicht beeinflusst; man sagt, die Ereignisse A und B seien **stochastisch unabhängig**. Daher haben wir bei der Einführung der Funktion I zum Messen der Informationsmenge auch

$$I(pq) = I(p) + I(q)$$

gefordert; tritt die „Nachricht" A mit der Wahrscheinlichkeit p ein, die Nachricht B mit der Wahrscheinlichkeit q und beide Nachrichten mit der Wahrscheinlichkeit pq, so sollen sich die jeweiligen Informationsmengen addieren, falls beide Nachrichten eintreffen (da stochastische Unabhängigkeit vorliegt).

Definition 5.1 (stochastisch unabhängige Ereignisse) Sei $(\Omega, \mathcal{P}(\Omega), \mathbb{P})$ ein diskreter Wahrscheinlichkeitsraum, so heißen Ereignisse

$$A_i \subseteq \Omega, \quad i \in I \subseteq \mathbb{N}, \quad I \neq \emptyset$$

© Springer-Verlag Berlin Heidelberg 2015
S. Schäffler, *Mathematik der Information*, Springer-Lehrbuch Masterclass,
DOI 10.1007/978-3-662-46382-6_5

stochastisch unabhängig, falls für jede nichtleere endliche Menge $J \subseteq I$ gilt:

$$\mathbb{P}\left(\bigcap_{j \in J} A_j\right) = \prod_{j \in J} \mathbb{P}(A_j).$$ ◁

Hat man ein Zufallsexperiment durch einen diskreten Wahrscheinlichkeitsraum $(\Omega, \mathcal{P}(\Omega), \mathbb{P})$ modelliert, so stellt die Wahrscheinlichkeitstheorie Hilfsmittel bereit, um bei bekanntem Wahrscheinlichkeitsraum Aussagen über den Ablauf des zugrundeliegenden Zufallsexperimentes machen zu können. Die mathematische Statistik behandelt die folgende Problemstellung: Das zu modellierende Zufallsexperiment wird zunächst durch einen unvollständigen diskreten Wahrscheinlichkeitsraum beschrieben. Bei dieser Beschreibung werden die nichtleere abzählbare Grundmenge Ω und eine Menge von Wahrscheinlichkeitsmaßen auf $\mathcal{P}(\Omega)$ festgelegt. Dabei wird die Menge der in Frage kommenden Wahrscheinlichkeitsmaße häufig durch einen Parameter θ aus einem Parameterraum Θ dargestellt. Um nun zu einer vollständigen mathematischen Beschreibung unseres Zufallsexperiments zu kommen, müssen wir uns für ein Wahrscheinlichkeitsmaß $\mathbb{P}$ aus der Menge der in Frage kommenden Wahrscheinlichkeitsmaße entscheiden. Ein wesentliches Kriterium der mathematischen Statistik besteht nun darin, dass eine Entscheidung über die Wahl des Wahrscheinlichkeitsmaßes beziehungsweise über die Verkleinerung der Menge aller in Frage kommenden Wahrscheinlichkeitsmaße insbesondere von Ergebnissen des Zufallsexperiments abhängt. Wir erhalten somit die folgende Ausgangssituation:

Gegeben ist ein Tripel $(\Omega, \mathcal{P}(\Omega), \mathbb{P}_\theta)$ bestehend aus einer nichtleeren abzählbaren Grundmenge Ω, einer nichtleeren Menge Θ sowie einer Menge

$$\{\mathbb{P}_\theta; \theta \in \Theta\}$$

von Wahrscheinlichkeitsmaßen auf $\mathcal{P}(\Omega)$; ferner ist ein beobachtetes Ergebnis $\hat{\omega} \in \Omega$ des Zufallsexperiments mit $\mathbb{P}_\theta(\{\hat{\omega}\}) > 0$ für alle $\theta \in \Theta$ gegeben. Die Tatsache, dass die bedingten Wahrscheinlichkeiten

$$\mathbb{P}_\theta^{\{\hat{\omega}\}} : \mathcal{P}(\Omega) \to [0,1], \quad A \mapsto \frac{\mathbb{P}_\theta(\{\hat{\omega}\} \cap A)}{\mathbb{P}_\theta(\{\hat{\omega}\})} = \begin{cases} 1 & \text{falls } \hat{\omega} \in A \\ 0 & \text{falls } \hat{\omega} \notin A \end{cases}, \quad \theta \in \Theta$$

nicht von θ abhängen, interpretieren wir dahingehend, dass die Kenntnis von $\hat{\omega}$ genügt, um eine Entscheidung über $\theta \in \Theta$ zu treffen. Dies führt uns zu folgender Definition.

Definition 5.2 (suffizientes Ereignis) Sei Θ eine nichtleere Menge und sei $(\Omega, \mathcal{P}(\Omega), \mathbb{P}_\theta)$ für jedes $\theta \in \Theta$ ein diskreter Wahrscheinlichkeitsraum, so heißt ein Ereignis $F \in \mathcal{P}(\Omega)$ **suffizient für** θ, falls

(SE1) $\mathbb{P}_\theta(F) > 0$ für alle $\theta \in \Theta$,
(SE2) $\mathbb{P}_\theta^F(A)$ hängt für alle $A \in \mathcal{P}(\Omega)$ nicht von $\theta \in \Theta$ ab.   ◁

Nach unserer Interpretation ist also in einem für $\theta \in \Theta$ suffizienten Ereignis das komplette Wissen über $\theta \in \Theta$ enthalten. Das Ereignis Ω ist zum Beispiel im Allgemeinen nicht suffizient.

Es kann nun durchaus passieren, dass ein für $\theta \in \Theta$ suffizientes Ereignis nützlicher ist als ein Elementarereignis $\{\hat{\omega}\}$, wie das folgende Beispiel zeigt.

Beispiel 5.3 *(Zufallsgenerator)* Ein Zufallsgenerator erzeugt unabhängig voneinander eine Folge $b_1, \ldots, b_N$ von Bits $b_i \in \{0, 1\}$, $i = 1, \ldots, N$, $N > 0$; dabei soll jedes erzeugte Bit mit Wahrscheinlichkeit $\theta \in (0, 1)$ gleich Eins sein. Wir erhalten somit $\Omega = \{0, 1\}^N$ und $\mathbb{P}_\theta$ gegeben durch

$$\mathbb{P}_\theta : \{0, 1\}^N \to [0, 1], \quad \omega = (\omega_1, \ldots, \omega_N) \mapsto \prod_{i=1}^{N} \theta^{\omega_i} (1 - \theta)^{1-\omega_i}.$$

Nun interessieren wir uns mit $t \in \{0, 1, 2, \ldots, N - 1, N\}$ für die Ereignisse

$$F_t := \left\{ (b_1, \ldots, b_N) \in \{0, 1\}^N ; \sum_{i=1}^{N} b_i = t \right\}.$$

Für die bedingten Wahrscheinlichkeiten gilt nun

$$\mathbb{P}_\theta^{F_t} (\{\omega\}) = \begin{cases} 0 & \text{für alle } \omega \text{ mit } \sum_{i=1}^{N} \omega_i \neq t \\ \frac{\theta^t (1-\theta)^{(N-t)}}{\binom{N}{t} \theta^t (1-\theta)^{(N-t)}} = \frac{1}{\binom{N}{t}} & \text{für alle } \omega \text{ mit } \sum_{i=1}^{N} \omega_i = t \end{cases}$$

da

$$\prod_{i=1}^{N} \theta^{\omega_i} (1 - \theta)^{1-\omega_i} = \theta^{\sum\limits_{i=1}^{N} \omega_i} (1 - \theta)^{\left(N - \sum\limits_{i=1}^{N} \omega_i \right)}.$$

Für jedes $t \in \{0, 1, 2, \ldots, N - 1, N\}$ ist also das Ereignis F_t suffizient für θ und wir benötigen über das Ereignis F_t nur die Kenntnis von t. Statt also ein Elementarereignis $\{\hat{\omega}_1, \ldots, \hat{\omega}_N\}$ als Ergebnis des Zufallsexperiments zu speichern, wozu für $\theta = \frac{1}{2}$ N Bits nötig wären, genügt es,

$$\hat{t} = \sum_{i=1}^{N} \hat{\omega}_i$$

zu speichern, ohne Kenntnisse über θ zu verlieren. Die Speicherung von $\hat{t}$ benötigt im Binärsystem höchstens $\min\{k \in \mathbb{N}; k \geq \text{ld}(N + 1)\}$ Bits.   ◁

Das eben betrachtete Beispiel legt die folgende Definition nahe.

Definition 5.4 (suffiziente Statistik) Sei Θ eine nichtleere Menge und sei $(\Omega, \mathcal{P}(\Omega), \mathbb{P}_\theta)$ für jedes $\theta \in \Theta$ ein diskreter Wahrscheinlichkeitsraum; sei ferner $\tilde{\Omega}$ eine nichtleere abzählbare Menge und

$$T : \Omega \to \tilde{\Omega}$$

eine Abbildung, so heißt die Abbildung T **suffiziente Statistik** für θ, falls alle Ereignisse

$$\{\omega \in \Omega; \, T(\omega) = \tilde{\omega}\}, \quad \tilde{\omega} \in \tilde{\Omega},$$

suffizient für θ sind.   ◁

Durch Satz und Definition 3.5 wissen wir, dass insbesondere für die Bildmaße $\mathbb{P}_{T,\theta}$ einer suffizienten Statistik T gilt:

$$\mathbb{S}_{\mathbb{P}_\theta} \geq \mathbb{S}_{\mathbb{P}_{T,\theta}} \quad \text{für alle} \quad \theta \in \Theta.$$

Ferner ist bekannt, dass für jedes $\tilde{\omega} \in \tilde{\Omega}$ die bedingten Wahrscheinlichkeitsmaße $\mathbb{P}_{\theta,T}^{\{\tilde{\omega}\}}$ nicht mehr von θ abhängen. Somit ist es sinnvoll, Entscheidungen über $\theta \in \Theta$ auf die diskreten Wahrscheinlichkeitsräume $(\tilde{\Omega}, \mathcal{P}(\tilde{\Omega}), \mathbb{P}_{\theta,T})$ zu verlagern, sofern T eine suffiziente Statistik darstellt. Die Entscheidungen über $\theta \in \Theta$ selbst fallen in den Bereich der Mathematischen Statistik (siehe etwa [Held08]). Durch den Übergang von $(\Omega, \mathcal{P}(\Omega), \mathbb{P}_\theta)$ zu $(\tilde{\Omega}, \mathcal{P}(\tilde{\Omega}), \mathbb{P}_{\theta,T})$ wurden somit für θ nicht relevante Informationen eingespart.

Kommen wir zu Beispiel 5.3 mit $\Omega = \{0, 1\}^N$,

$$\mathbb{P}_\theta : \{0, 1\}^N \to [0, 1], \quad \boldsymbol{\omega} = (\omega_1, \ldots, \omega_N) \mapsto \prod_{i=1}^{N} \theta^{\omega_i} (1 - \theta)^{1-\omega_i},$$

und der suffizienten Statistik

$$T : \Omega \to \{0, 1, \ldots, (N-1), N\}, \quad \boldsymbol{\omega} \mapsto \sum_{i=1}^{N} \omega_i$$

zurück, so erhalten wir die Bildmaße $\mathbb{P}_{\theta,T}$ von T durch

$$\mathbb{P}_{\theta,T}(\{k\}) = \binom{N}{k} \theta^k (1 - \theta)^{N-k}, \quad k = 0, 1, \ldots, (N-1), N.$$

Die Abb. 5.1 veranschaulicht für $N = 50$ die Entropie von $\mathbb{P}_\theta$ (durchgezogene Linie) und die Entropie von $\mathbb{P}_{\theta,T}$ (gestrichelte Linie) in Abhängigkeit von θ.

Es ist deutlich erkennbar, wie viel Information man einsparen kann, ohne Information über θ zu verlieren.

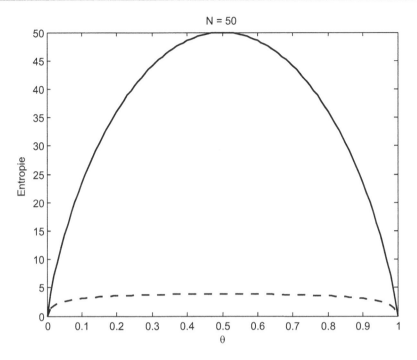

Abb. 5.1 Entropievergleich

5.2 Transinformation

Ausgehend von zwei nichtleeren Mengen Ω, Γ mit jeweils endlich vielen Elementen sei ein Wahrscheinlichkeitsmaß

$$\mathbb{P} : \mathcal{P}(\Omega \times \Gamma) \to [0, 1]$$

auf der Potenzmenge des kartesischen Produkts von Ω und Γ gegeben. Neben dem Wahrscheinlichkeitsraum $(\Omega \times \Gamma, \mathcal{P}(\Omega \times \Gamma), \mathbb{P})$ erhalten wir durch die Projektionen

$$P_\Omega : \quad \Omega \times \Gamma \to \Omega, \quad (\omega, \gamma) \mapsto \omega$$
$$P_\Gamma : \quad \Omega \times \Gamma \to \Gamma, \quad (\omega, \gamma) \mapsto \gamma$$

mit den Bildmaßen $\mathbb{P}_{P_\Omega}, \mathbb{P}_{P_\Gamma}$ zwei Wahrscheinlichkeitsräume $(\Omega, \mathcal{P}(\Omega), \mathbb{P}_{P_\Omega})$ und $(\Gamma, \mathcal{P}(\Gamma), \mathbb{P}_{P_\Gamma})$. Es stellt sich nun die Frage, wie viel Information enthalten in Zufallsexperiment $(\Omega, \mathcal{P}(\Omega), \mathbb{P}_{P_\Omega})$ man erhält, wenn man das Zufallsexperiment $(\Gamma, \mathcal{P}(\Gamma), \mathbb{P}_{P_\Gamma})$ durchführt und umgekehrt. Diese Fragestellung führt auf den Begriff der Transinformation, dem in der Kommunikationstechnik eine entscheidende Bedeutung zukommt.

Theorem und Definition 5.5 (Transinformation) *Seien* Ω, Γ *zwei nichtleere Mengen mit jeweils endlich vielen Elementen und sei ein Wahrscheinlichkeitsmaß*

$$\mathbb{P} : \mathcal{P}(\Omega \times \Gamma) \to [0, 1]$$

auf der Potenzmenge des kartesischen Produkts von Ω *und* Γ *gegeben. Durch die Projektionen*

$$P_\Omega : \quad \Omega \times \Gamma \to \Omega, \quad (\omega, \gamma) \mapsto \omega$$
$$P_\Gamma : \quad \Omega \times \Gamma \to \Gamma, \quad (\omega, \gamma) \mapsto \gamma$$

erhalten wir bekanntlich die Bildmaße

$$\mathbb{P}_{P_\Omega} : \mathcal{P}(\Omega) \to [0, 1]$$
$$\mathbb{P}_{P_\Gamma} : \mathcal{P}(\Gamma) \to [0, 1]$$

und somit zwei Wahrscheinlichkeitsräume $(\Omega, \mathcal{P}(\Omega), \mathbb{P}_{P_\Omega})$ *und* $(\Gamma, \mathcal{P}(\Gamma), \mathbb{P}_{P_\Gamma})$*. Da die Mengen* Ω, Γ *nur endlich viele Elemente haben, sind die Entropien*

$$\mathbb{S}_\mathbb{P}, \, \mathbb{S}_{\mathbb{P}_{P_\Omega}} \quad und \quad \mathbb{S}_{\mathbb{P}_{P_\Gamma}}$$

endlich und wir können die **Transinformation** $\mathbb{T}(\mathbb{P}_{P_\Omega}, \mathbb{P}_{P_\Gamma})$ *folgendermaßen definieren:*

$$\mathbb{T}(\mathbb{P}_{P_\Omega}, \mathbb{P}_{P_\Gamma}) := \mathbb{S}_{\mathbb{P}_{P_\Omega}} + \mathbb{S}_{\mathbb{P}_{P_\Gamma}} - \mathbb{S}_\mathbb{P}.$$

Es gilt:

$$\mathbb{T}(\mathbb{P}_{P_\Omega}, \mathbb{P}_{P_\Gamma}) \geq 0$$
$$\mathbb{T}(\mathbb{P}_{P_\Omega}, \mathbb{P}_{P_\Gamma}) \leq \min\{\mathbb{S}_{\mathbb{P}_{P_\Omega}}, \mathbb{S}_{\mathbb{P}_{P_\Gamma}}\}.$$

Gilt ferner

$$\mathbb{P}(\{(\omega, \gamma)\}) = \mathbb{P}_{P_\Omega}(\{\omega\}) \cdot \mathbb{P}_{P_\Gamma}(\{\gamma\}) \quad \text{für alle} \quad \omega \in \Omega, \, \gamma \in \Gamma,$$

so folgt

$$\mathbb{T}(\mathbb{P}_{P_\Omega}, \mathbb{P}_{P_\Gamma}) = 0. \qquad \qquad \triangleleft$$

Beweis Wir setzen ohne Beschränkung der Allgemeinheit voraus, dass

$$\mathbb{P}_{P_\Omega}(\{\omega\}) > 0 \quad \text{für alle} \quad \omega \in \Omega.$$
$$\mathbb{S}_\mathbb{P} = - \sum_{\substack{\omega \in \Omega \\ \gamma \in \Gamma}} \mathbb{P}(\{(\omega, \gamma)\}) \, \mathrm{ld}\left(\mathbb{P}(\{(\omega, \gamma)\})\right) =$$
$$= - \sum_{\substack{\omega \in \Omega \\ \gamma \in \Gamma}} \mathbb{P}^{\{\omega\}}(\{\gamma\}) \mathbb{P}_{P_\Omega}(\{\omega\}) \, \mathrm{ld}\left(\mathbb{P}^{\{\omega\}}(\{\gamma\}) \mathbb{P}_{P_\Omega}(\{\omega\})\right) =$$

$$= - \sum_{\substack{\omega \in \Omega \\ \gamma \in \Gamma}} \mathbb{P}^{\{\omega\}}(\{\gamma\}) \mathbb{P}_{P_\Omega}(\{\omega\}) \operatorname{ld}\left(\mathbb{P}_{P_\Omega}(\{\omega\})\right) -$$

$$- \sum_{\substack{\omega \in \Omega \\ \gamma \in \Gamma}} \mathbb{P}^{\{\omega\}}(\{\gamma\}) \mathbb{P}_{P_\Omega}(\{\omega\}) \operatorname{ld}\left(\mathbb{P}^{\{\omega\}}(\{\gamma\})\right) =$$

$$= - \sum_{\omega \in \Omega} \left(\mathbb{P}_{P_\Omega}(\{\omega\}) \operatorname{ld}\left(\mathbb{P}_{P_\Omega}(\{\omega\})\right) \underbrace{\sum_{\gamma \in \Gamma} \mathbb{P}^{\{\omega\}}(\{\gamma\})}_{=1} \right) -$$

$$- \sum_{\substack{\omega \in \Omega \\ \gamma \in \Gamma}} \mathbb{P}^{\{\omega\}}(\{\gamma\}) \mathbb{P}_{P_\Omega}(\{\omega\}) \operatorname{ld}\left(\mathbb{P}^{\{\omega\}}(\{\gamma\})\right) =$$

$$= \mathbb{S}_{\mathbb{P}_{P_\Omega}} - \sum_{\substack{\omega \in \Omega \\ \gamma \in \Gamma}} \mathbb{P}^{\{\omega\}}(\{\gamma\}) \mathbb{P}_{P_\Omega}(\{\omega\}) \operatorname{ld}\left(\mathbb{P}^{\{\omega\}}(\{\gamma\})\right).$$

Nun untersuchen wir den Term

$$\sum_{\omega \in \Omega} \mathbb{P}^{\{\omega\}}(\{\gamma\}) \mathbb{P}_{P_\Omega}(\{\omega\}) \operatorname{ld}\left(\mathbb{P}^{\{\omega\}}(\{\gamma\})\right)$$

genauer. Betrachtet man die Funktion

$$f : [0, 1] \to \mathbb{R}, \quad x \mapsto \begin{cases} 0 & \text{falls } x = 0 \\ x \operatorname{ld}(x) & \text{falls } x \neq 0 \end{cases},$$

so ist f strikt konvex. Mit der Ungleichung von Jensen folgt:

$$f\left(\sum_{j=1}^{k} p_j x_j\right) \leq \sum_{j=1}^{k} p_j f(x_j), \quad x_1, \dots, x_k \in [0, 1], \; p_1, \dots, p_k \geq 0, \; \sum_{j=1}^{k} p_j = 1.$$

Setzen wir nun:

$$k = |\Omega| \quad \text{(Anzahl der Elemente von } \Omega\text{)},$$
$$p_j = \mathbb{P}_{P_\Omega}(\{\omega_j\}), \quad \omega_j \in \Omega,$$
$$x_j = \mathbb{P}^{\{\omega_j\}}(\{\gamma\}), \quad \omega_j \in \Omega,$$

so erhalten wir:

$$\sum_{\omega \in \Omega} \mathbb{P}^{\{\omega\}}(\{\gamma\}) \mathbb{P}_{P_\Omega}(\{\omega\}) \, \mathrm{ld}\left(\mathbb{P}^{\{\omega\}}(\{\gamma\})\right) \geq$$

$$\geq \sum_{\omega \in \Omega} \mathbb{P}^{\{\omega\}}(\{\gamma\}) \mathbb{P}_{P_\Omega}(\{\omega\}) \, \mathrm{ld}\left(\sum_{\omega \in \Omega} \mathbb{P}^{\{\omega\}}(\{\gamma\}) \mathbb{P}_{P_\Omega}(\{\omega\})\right) =$$

$$= \mathbb{P}_{P_\Gamma}(\{\gamma\}) \, \mathrm{ld}\left(\mathbb{P}_{P_\Gamma}(\{\gamma\})\right).$$

Oben eingesetzt ergibt:

$$\mathbb{S}_\mathbb{P} = \mathbb{S}_{\mathbb{P}_{P_\Omega}} - \sum_{\substack{\omega \in \Omega \\ \gamma \in \Gamma}} \mathbb{P}^{\{\omega\}}(\{\gamma\}) \mathbb{P}_{P_\Omega}(\{\omega\}) \, \mathrm{ld}\left(\mathbb{P}^{\{\omega\}}(\{\gamma\})\right) \leq$$

$$\leq \mathbb{S}_{\mathbb{P}_{P_\Omega}} - \sum_{\gamma \in \Gamma} \mathbb{P}_{P_\Gamma}(\{\gamma\}) \, \mathrm{ld}\left(\mathbb{P}_{P_\Gamma}(\{\gamma\})\right) =$$

$$= \mathbb{S}_{\mathbb{P}_{P_\Omega}} + \mathbb{S}_{\mathbb{P}_{P_\Gamma}}$$

und damit

$$\mathbb{T}(\mathbb{P}_{P_\Omega}, \mathbb{P}_{P_\Gamma}) \geq 0.$$

Da wegen Satz und Definition 3.5

$$\mathbb{S}_{\mathbb{P}_{P_\Omega}} \leq \mathbb{S}_\mathbb{P} \quad \text{und} \quad \mathbb{S}_{\mathbb{P}_{P_\Gamma}} \leq \mathbb{S}_\mathbb{P},$$

gilt

$$\mathbb{T}(\mathbb{P}_{P_\Omega}, \mathbb{P}_{P_\Gamma}) \leq \min\{\mathbb{S}_{\mathbb{P}_{P_\Omega}}, \mathbb{S}_{\mathbb{P}_{P_\Gamma}}\}.$$

Aus

$$\mathbb{P}(\{(\omega, \gamma)\}) = \mathbb{P}_{P_\Omega}(\{\omega\}) \cdot \mathbb{P}_{P_\Gamma}(\{\gamma\}) \quad \text{für alle} \quad \omega \in \Omega, \, \gamma \in \Gamma,$$

folgt

$$\mathbb{S}_\mathbb{P} = \mathbb{S}_{\mathbb{P}_{P_\Omega}} + \mathbb{S}_{\mathbb{P}_{P_\Gamma}}$$

und damit die letzte Behauptung.   **q.e.d.**

Beispiel 5.6 Betrachten wir das einmalige Werfen eines Würfels und das einmalige Werfen einer Münze, so erhalten wir $\Omega = \{1, 2, 3, 4, 5, 6\}$ und $\Gamma = \{K, Z\}$. Nehmen wir nun
an, dass

$$\mathbb{P}(\{(\omega_i, K)\}) = \mathbb{P}(\{(\omega_i, Z)\}) = \frac{1}{12}, \quad i = 1, 2, \dots, 6,$$

so ist

$$\mathbb{P}_{P_\Omega}(\{\omega_i\}) = \frac{1}{6}, \quad i = 1, 2, \ldots, 6,$$

$$\mathbb{P}_{P_\Gamma}(\{K\}) = \mathbb{P}_{P_\Gamma}(\{Z\}) = \frac{1}{2}$$

und damit

$$\mathbb{T}(\mathbb{P}_{P_\Omega}, \mathbb{P}_{P_\Gamma}) = \operatorname{ld}(6) + \operatorname{ld}(2) - \operatorname{ld}(12) = 0.$$

Die Durchführung des Zufallsexperiments „Würfeln" führt in diesem Fall zu keinerlei Information über das Zufallsexperiment „Werfen einer Münze" und umgekehrt.

Nun untersuchen wir das Zufallsexperiment „einmaliges Werfen eines Würfels", notieren aber nicht nur die oben liegende Augenzahl, sondern auch die Augenzahl, auf der der Würfel liegt. Wir erhalten somit als Menge der Ergebnisse

$$\Omega \times \Gamma = \{1, 2, 3, 4, 5, 6\}^2.$$

Setzen wir nun wieder voraus, dass jede mögliche oben liegende Augenzahl mit Wahrscheinlichkeit $\frac{1}{6}$ erscheint, so erhalten wir ein Wahrscheinlichkeitsmaß auf $\mathcal{P}(\{1, 2, 3, 4, 5, 6\}^2)$ gegeben durch

$$\mathbb{P}(\{(i, 7 - i)\}) = \frac{1}{6}, \quad i = 1, \ldots, 6,$$

während allen anderen Elementarereignissen die Wahrscheinlichkeit Null zukommt. Es folgt

$$\mathbb{T}(\mathbb{P}_{P_\Omega}, \mathbb{P}_{P_\Gamma}) = \operatorname{ld}(6) + \operatorname{ld}(6) - \operatorname{ld}(6) = \operatorname{ld}(6).$$

Die Transinformation ist maximal, weil jedes Ergebnis des Zufallsexperiments „oben liegende Augenzahl" das Ergebnis „unten liegende Augenzahl" festlegt und umgekehrt.   ◁

In der Kommunikationstechnik bezeichnet Ω eine nichtleere endliche Menge bestehend aus Zeichen, die ein Sender über einen Kanal zu einem Empfänger senden kann, während die nichtleere endliche Menge Γ die Menge der Zeichen beinhaltet, die bei einem Empfänger ankommen kann, wenn ein Zeichen aus Ω gesendet wird. Als bekannt gilt die Wahrscheinlichkeit $\mathbb{P}_{P_\Omega}(\{\omega\}) > 0$, mit der ein Zeichen $\omega \in \Omega$ gesendet wird. Ferner sind die bedingten Wahrscheinlichkeiten

$$\mathbb{P}^{\{\omega\}}(\{\gamma\}), \quad \omega \in \Omega, \gamma \in \Gamma,$$

die den Übertragungskanal charakterisieren, bekannt. Somit ist auch

$$\mathbb{P}(\{(\omega, \gamma)\}) = \mathbb{P}^{\{\omega\}}(\{\gamma\}) \cdot \mathbb{P}_{P_\Omega}(\{\omega\}) \quad \text{für alle} \quad \omega \in \Omega, \gamma \in \Gamma$$

und

$$\mathbb{P}_{P_\Gamma}(\{\gamma\}) = \sum_{\omega \in \Omega} \mathbb{P}^{\{\omega\}}(\{\gamma\}) \cdot \mathbb{P}_{P_\Omega}(\{\omega\}) \quad \text{für alle} \quad \gamma \in \Gamma$$

bekannt. Die dadurch berechenbare Transinformation $\mathbb{T}(\mathbb{P}_{P_\Omega}, \mathbb{P}_{P_\Gamma})$ gibt nun an, wie viel Information man über das gesendete Zeichen im Mittel erhält, wenn man ein Zeichen $\gamma \in \Gamma$ empfängt.

Will man nun den Übertragungskanal charakterisieren, so sind einerseits die bedingten Wahrscheinlichkeiten

$$\mathbb{P}^{\{\omega\}}(\{\gamma\}), \quad \omega \in \Omega, \gamma \in \Gamma$$

zu komplex, andererseits ist die Transinformation ungeeignet, weil sie von dem Wahrscheinlichkeitsmaß $\mathbb{P}_{P_\Omega}$ abhängt; sei nun $\mathbf{P}$ die Menge aller Wahrscheinlichkeitsmaße definiert auf $\mathcal{P}(\Omega)$, die jedem Elementarereignis eine Wahrscheinlichkeit größer Null zuordnen, so betrachtet man in der Kommunikationstechnik zur Charakterisierung eines Übertragungskanals die reelle Zahl

$$C := \max_{\mathbb{P}_{P_\Omega} \in \mathbf{P}} \mathbb{T}(\mathbb{P}_{P_\Omega}, \mathbb{P}_{P_\Gamma}),$$

die als **Kanalkapazität** bezeichnet wird und die die Benennung

$$\left[\frac{\text{bit}}{\text{zu übertragendes Zeichen}} \right]$$

trägt.

Beispiel 5.7 Seien $\Omega = \Gamma = \{0, 1\}$ und $p_e \in [0, 1]$. Ferner seien die Fehlerwahrscheinlichkeiten

$$\mathbb{P}^{\{0\}}(\{1\}) = \mathbb{P}^{\{1\}}(\{0\}) = p_e$$

gegeben, so ist

$$
\begin{aligned}
\mathbb{T}(\mathbb{P}_{P_\Omega}, \mathbb{P}_{P_\Gamma}) = & -\mathbb{P}_{P_\Omega}(\{0\})\, \mathrm{ld}(\mathbb{P}_{P_\Omega}(\{0\})) - \mathbb{P}_{P_\Omega}(\{1\})\, \mathrm{ld}(\mathbb{P}_{P_\Omega}(\{1\})) - \\
& - (\mathbb{P}^{\{0\}}(\{0\}) \cdot \mathbb{P}_{P_\Omega}(\{0\}) + \mathbb{P}^{\{1\}}(\{0\}) \cdot \mathbb{P}_{P_\Omega}(\{1\})) \cdot \\
& \quad \cdot \mathrm{ld}(\mathbb{P}^{\{0\}}(\{0\}) \cdot \mathbb{P}_{P_\Omega}(\{0\}) + \mathbb{P}^{\{1\}}(\{0\}) \cdot \mathbb{P}_{P_\Omega}(\{1\})) - \\
& - (\mathbb{P}^{\{0\}}(\{1\}) \cdot \mathbb{P}_{P_\Omega}(\{0\}) + \mathbb{P}^{\{1\}}(\{1\}) \cdot \mathbb{P}_{P_\Omega}(\{1\})) \cdot \\
& \quad \cdot \mathrm{ld}(\mathbb{P}^{\{0\}}(\{1\}) \cdot \mathbb{P}_{P_\Omega}(\{0\}) + \mathbb{P}^{\{1\}}(\{1\}) \cdot \mathbb{P}_{P_\Omega}(\{1\})) + \\
& + (\mathbb{P}^{\{0\}}(\{0\}) \cdot \mathbb{P}_{P_\Omega}(\{0\}))\, \mathrm{ld}(\mathbb{P}^{\{0\}}(\{0\}) \cdot \mathbb{P}_{P_\Omega}(\{0\})) + \\
& + (\mathbb{P}^{\{0\}}(\{1\}) \cdot \mathbb{P}_{P_\Omega}(\{0\}))\, \mathrm{ld}(\mathbb{P}^{\{0\}}(\{1\}) \cdot \mathbb{P}_{P_\Omega}(\{0\})) + \\
& + (\mathbb{P}^{\{1\}}(\{0\}) \cdot \mathbb{P}_{P_\Omega}(\{1\}))\, \mathrm{ld}(\mathbb{P}^{\{1\}}(\{0\}) \cdot \mathbb{P}_{P_\Omega}(\{1\})) + \\
& + (\mathbb{P}^{\{1\}}(\{1\}) \cdot \mathbb{P}_{P_\Omega}(\{1\}))\, \mathrm{ld}(\mathbb{P}^{\{1\}}(\{1\}) \cdot \mathbb{P}_{P_\Omega}(\{1\})) =
\end{aligned}
$$

$$= - \mathbb{P}_{P_\Omega}(\{0\}) \operatorname{ld}(\mathbb{P}_{P_\Omega}(\{0\})) - \mathbb{P}_{P_\Omega}(\{1\}) \operatorname{ld}(\mathbb{P}_{P_\Omega}(\{1\})) -$$
$$- ((1 - p_e) \cdot \mathbb{P}_{P_\Omega}(\{0\}) + p_e \cdot \mathbb{P}_{P_\Omega}(\{1\})) \cdot$$
$$\cdot \operatorname{ld}((1 - p_e) \cdot \mathbb{P}_{P_\Omega}(\{0\}) + p_e \cdot \mathbb{P}_{P_\Omega}(\{1\})) -$$
$$- (p_e \cdot \mathbb{P}_{P_\Omega}(\{0\}) + (1 - p_e) \cdot \mathbb{P}_{P_\Omega}(\{1\})) \cdot$$
$$\cdot \operatorname{ld}(p_e \cdot \mathbb{P}_{P_\Omega}(\{0\}) + (1 - p_e) \cdot \mathbb{P}_{P_\Omega}(\{1\})) +$$
$$+ ((1 - p_e) \cdot \mathbb{P}_{P_\Omega}(\{0\})) \operatorname{ld}((1 - p_e) \cdot \mathbb{P}_{P_\Omega}(\{0\})) +$$
$$+ (p_e \cdot \mathbb{P}_{P_\Omega}(\{0\})) \operatorname{ld}(p_e \cdot \mathbb{P}_{P_\Omega}(\{0\})) +$$
$$+ (p_e \cdot \mathbb{P}_{P_\Omega}(\{1\})) \operatorname{ld}(p_e \cdot \mathbb{P}_{P_\Omega}(\{1\})) +$$
$$+ ((1 - p_e) \cdot \mathbb{P}_{P_\Omega}(\{1\})) \operatorname{ld}((1 - p_e) \cdot \mathbb{P}_{P_\Omega}(\{1\})) =$$
$$= (1 - p_e) \operatorname{ld}(1 - p_e) + p_e \operatorname{ld}(p_e) -$$
$$- ((1 - p_e)\mathbb{P}_{P_\Omega}(\{0\}) + p_e \mathbb{P}_{P_\Omega}(\{1\})) \cdot$$
$$\cdot \operatorname{ld}((1 - p_e)\mathbb{P}_{P_\Omega}(\{0\}) + p_e \mathbb{P}_{P_\Omega}(\{1\})) -$$
$$- (p_e \mathbb{P}_{P_\Omega}(\{0\}) + (1 - p_e)\mathbb{P}_{P_\Omega}(\{1\})) \cdot$$
$$\cdot \operatorname{ld}(p_e \mathbb{P}_{P_\Omega}(\{0\}) + (1 - p_e)\mathbb{P}_{P_\Omega}(\{1\})).$$

Somit wird $\mathbb{T}(\mathbb{P}_{P_\Omega}, \mathbb{P}_{P_\Gamma})$ maximal für

$$\mathbb{P}_{P_\Omega}(\{0\}) = \mathbb{P}_{P_\Omega}(\{1\}) = \frac{1}{2}$$

und wir erhalten die Kanalkapazität

$$C = 1 + (1 - p_e) \operatorname{ld}(1 - p_e) + p_e \operatorname{ld}(p_e) \; \frac{\text{bit}}{\text{zu übertragendes Bit}}.$$

Für $p_e = 10^{-2}$ erhalten wir zum Beispiel

$$C \approx 0.9192 \; \frac{\text{bit}}{\text{zu übertragendes Bit}}.$$

Es mag überraschen, dass für $p_e = 1$ die Kanalkapazität maximal ist; da aber in diesem Fall stets (also mit Wahrscheinlichkeit gleich Eins) für das gesendetes Bit „1" das Bit „0" empfangen wird und da stets für das gesendete Bit „0" das Bit „1" empfangen wird, ist das gesendete Bit eindeutig aus dem empfangenen Bit rekonstruierbar.   ◁

In Abschn. 1.1 haben wir als Beispiel für Kanalcodierung den Hamming-Code kennengelernt. Dabei wurden immer vier zu übertragende Bits durch drei Bits ergänzt, wobei diese drei Bits als Summe einer Auswahl der ursprünglichen vier Bits gewählt wurden. Diese Redundanz diente dazu, im Empfänger Fehler zu korrigieren. Ist nun n die Anzahl der Bits, die übertragen werden sollen und dabei als ein Block betrachtet werden, und

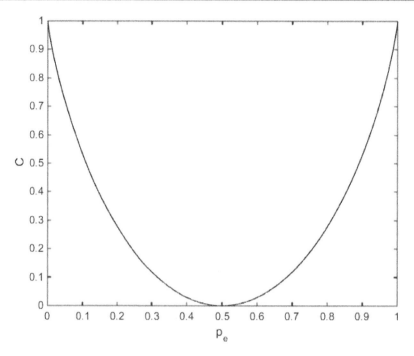

Abb. 5.2 Kanalkapazität

k die Anzahl der Bits, die zum Schutz der n zu übertragenden Bits hinzugefügt werden (beim Hamming-Code $n = 4$ und $k = 3$), so wird

$$R = \frac{n}{n + k}$$

als Coderate bezeichnet. In der Codierungstheorie steht nun die Coderate in unmittelba-rem Zusammenhang mit der Kanalkapazität: Unter Verwendung von speziellen binären Codes mit Coderate $R < C$ kann die Wahrscheinlichkeit für einen Übertragungfehler unter Benutzung eines wie oben beschriebenen Kanals der Kapazität C beliebig klein gemacht werden. Gilt umgekehrt $R > C$, so kann die Wahrscheinlichkeit für einen Über-tragungfehler unter Benutzung eines wie oben beschriebenen Kanals der Kapazität C eine gewisse positive Grenze nicht unterschreiten (Kanalcodierungstheorem von CLAUDE EL-WOOD SHANNON, siehe etwa [Frie96]). Da der Beweis dieser Aussage nicht konstruktiv ist, bleibt die Frage offen, wie solche Codes mit $R < C$ konstruiert sein müssen. Wie das obige Beispiel mit $p_e = 10^{-2}$ zeigt, müsste man in diesem Fall bei der Kanalcodierung Blöcke von höchstens elf Bits durch ein zusätzliches Bit schützen.

Quanteninformation

6.1 Q-Bits

Das mathematische Fundament der Quanteninformationstheorie bilden Hilberträume über dem Körper $\mathbb{C}$ der komplexen Zahlen.

Definition 6.1 (Hilbertraum über $\mathbb{C}$, Sphäre) Sei $\mathcal{H}$ ein Vektorraum über $\mathbb{C}$ und sei

$$\langle \cdot, \cdot \rangle_{\mathcal{H}} : \mathcal{H} \times \mathcal{H} \to \mathbb{C}$$

eine Abbildung (Skalarprodukt) derart, dass für alle $x, y, z \in \mathcal{H}$ und alle $\lambda \in \mathbb{C}$ gilt:

(SP1) $\langle x + y, z \rangle_{\mathcal{H}} = \langle x, z \rangle_{\mathcal{H}} + \langle y, z \rangle_{\mathcal{H}}$
(SP2) $\langle \lambda x, y \rangle_{\mathcal{H}} = \bar{\lambda} \langle x, y \rangle_{\mathcal{H}}$
     ($\bar{\lambda}$ notiert die zu λ **konjugiert komplexe** Zahl)
(SP3) $\langle x, y \rangle_{\mathcal{H}} = \overline{\langle y, x \rangle}_{\mathcal{H}}$
(SP4) $\|x\|_{\mathcal{H}}^2 := \langle x, x \rangle_{\mathcal{H}} \geq 0$ und
     $\langle x, x \rangle_{\mathcal{H}} = 0 \iff x = 0$ (neutrales Element der Addition in $\mathcal{H}$),

so heißt $\mathcal{H}$ **Hilbertraum über** $\mathbb{C}$, falls für jede Cauchy-Folge $\{x_k\}_{k \in \mathbb{N}}$ mit $x_k \in \mathcal{H}$, $k \in \mathbb{N}$, gilt: Es existiert ein $x \in \mathcal{H}$ mit

$$\lim_{k \to \infty} \|x - x_k\|_{\mathcal{H}} = 0 \quad \text{(Vollständigkeit)}.$$

Die Menge

$$S_{\mathcal{H}} := \{ x \in \mathcal{H}; \, \|x\|_{\mathcal{H}} = 1 \}$$

wird als **Sphäre von** $\mathcal{H}$ bezeichnet.   ◁

© Springer-Verlag Berlin Heidelberg 2015
S. Schäffler, *Mathematik der Information*, Springer-Lehrbuch Masterclass,
DOI 10.1007/978-3-662-46382-6_6

Bekanntlich heißt eine Teilmenge $\{v_1, \ldots, v_d\}$ eines Hilbertraums $\mathcal{H}$ über $\mathbb{C}$ eine **Basis** von $\mathcal{H}$, falls einerseits für $\lambda_1, \ldots, \lambda_d \in \mathbb{C}$ gilt

$$\sum_{k=1}^{d} \lambda_i v_i = 0 \quad \Longleftrightarrow \quad \lambda_1, \ldots, \lambda_d = 0$$

und falls es andererseits zu jedem $v \in \mathcal{H}$ eindeutige $\hat{\lambda}_1, \ldots, \hat{\lambda}_d \in \mathbb{C}$ gibt mit

$$v = \sum_{k=1}^{d} \hat{\lambda}_i v_i.$$

Ist $\{v_1, \ldots, v_d\}$ eine Basis von $\mathcal{H}$, so wird die natürliche Zahl d als **Dimension** von $\mathcal{H}$ bezeichnet; gilt ferner

$$\langle v_i, v_j \rangle_{\mathcal{H}} = \begin{cases} 0 & \text{falls } i \neq j \\ 1 & \text{falls } i = j \end{cases}, \quad i, j \in \{1, \ldots, d\},$$

so spricht man von einer **Orthonormalbasis** $\{v_1, \ldots, v_d\}$ von $\mathcal{H}$.

Ist $x \in B$ mit $|B| = 2$, so wird x im Rahmen der klassischen Informationstheorie als **Bit** bezeichnet. Ist nun $\mathcal{H}$ ein zweidimensionaler Hilbertraum über $\mathbb{C}$ mit einer Orthonormalbasis $B = \{v_1, v_2\}$, so wird ein

$$v \in S_{\mathcal{H}} = \left\{ \lambda_1 v_1 + \lambda_2 v_2; \ |\lambda_1|^2 + |\lambda_2|^2 = 1, \ \lambda_1, \lambda_2 \in \mathbb{C} \right\}$$

als **Q-Bit** (kurz für Quanten-Bit) bezeichnet. Aus der Definition eines Q-Bits wird deutlich, dass es bei fest gewähltem $\mathcal{H}$ mit Orthonormalbasis $\{v_1, v_2\}$ überabzählbar viele (nämlich $|S_{\mathcal{H}}|$) verschiedene Q-Bits gibt, während es nach Wahl von $B = \{v_1, v_2\}$ nur zwei verschiedene klassische Bits v_1 und v_2 gibt. Eine Funktion, die ein klassisches Bit auf ein klassisches Bit abbildet, ist gegeben durch

$$f : \{v_1, v_2\} \rightarrow \{v_1, v_2\}.$$

Funktionen dieser Art bilden die Grundbausteine für die Berechnung der Komplexität von Algorithmen auf klassischen Rechnern (von Neumann-Architekturen). Eine Klasse von Funktionen f_g, die ein Q-Bit auf ein Q-Bit abbilden, ist mit Hilfe linearer Funktionen

$$g : \mathcal{H} \rightarrow \mathcal{H} \quad \text{mit} \quad g(S_{\mathcal{H}}) := \{g(w); \ w \in S_{\mathcal{H}}\} \subseteq S_{\mathcal{H}}$$

gegeben durch

$$f_g : S_{\mathcal{H}} \rightarrow S_{\mathcal{H}}, \quad v \mapsto g(v) \quad (\text{oder kurz: } f_g = g_{|S_{\mathcal{H}}}).$$

Funktionen dieser Art, die als **Gates** bezeichnet werden, bilden nun die Grundbausteine für die Berechnung der Komplexität von Algorithmen auf Quanten-Computern; dabei wird die Berechnung eines Funktionswertes von f_g auf einem Quanten-Computer als eine **ein-Q-Bit-Operation** gezählt - analog zur Berechnung eines Funktionswertes von f auf einer von Neumann-Architektur, was als **ein-Bit-Operation** gilt. Auf einem Quanten-Computer gilt der Aufwand für eine ein-Q-Bit-Operation als vergleichbar mit dem Aufwand für eine ein-Bit-Operation auf einer von Neumann-Architektur.

In der Tatsache, dass der Aufwand, den Funktionswert eines Gates f_g auf einer von Neumann-Architektur auszurechnen, natürlich weitaus mehr als eine ein-Bit-Operation beträgt, liegt die enorme Überlegenheit von Quanten-Computern gegenüber von Neumann-Architekturen begründet (eine ausgezeichnete Beschreibung der wichtigsten Quanten-Algorithmen findet man in [StSch09]).

Die oben beschriebenen linearen Funktionen $g : \mathcal{H} \to \mathcal{H}$ mit $g(S_{\mathcal{H}}) \subseteq S_{\mathcal{H}}$ lassen sich nach Wahl einer Orthonormalbasis für $\mathcal{H}$ durch unitäre Matrizen $\mathbf{M} \in \mathbb{C}^{2,2}$ (also: $\overline{\mathbf{M}}^\top = \mathbf{M}^{-1}$) darstellen.

Eine Besonderheit bei Q-Bits liegt im Vorgang des **Messens**. In der Kopenhagener Deutung der Quantentheorie wird eine stochastische Interpretation quantentheoretischer Phänomene gegeben. Sei nun ein Q-Bit

$$v = \hat{\lambda}_1 v_1 + \hat{\lambda}_2 v_2; \; |\hat{\lambda}_1|^2 + |\hat{\lambda}_2|^2 = 1, \; \hat{\lambda}_1, \hat{\lambda}_2 \in \mathbb{C}$$

bezüglich der Orthonormalbasis $\{v_1, v_2\}$ gegeben, so können wir die nichtnegativen reellen Zahlen $|\hat{\lambda}_1|^2, |\hat{\lambda}_2|^2$ als Wahrscheinlichkeiten interpretieren; wir erhalten einen Wahrscheinlichkeitsraum

$$(\{v_1, v_2\}, \mathcal{P}(\{v_1, v_2\}), \mathbb{P}_{v, \{v_1, v_2\}})$$

und interpretieren

$$\mathbb{P}_{v, \{v_1, v_2\}}(\{v_1\}) = |\hat{\lambda}_1|^2 \quad \text{als Wahrscheinlichkeit für } v = v_1,$$
$$\mathbb{P}_{v, \{v_1, v_2\}}(\{v_2\}) = |\hat{\lambda}_2|^2 \quad \text{als Wahrscheinlichkeit für } v = v_2$$

und allgemein mit $A \in \mathcal{P}(\{v_1, v_2\})$:

$$\mathbb{P}_{v, \{v_1, v_2\}}(A) = \sum_{v_i \in A} \mathbb{P}_{v, \{v_1, v_2\}}(\{v_i\}) \text{ als Wahrscheinlichkeit für } v \in A.$$

Es ist wichtig festzuhalten, dass zwei verschiedene Q-Bits die gleichen Wahrscheinlichkeiten implizieren können, zum Beispiel

$$\frac{i}{2} v_1 + \sqrt{\frac{3}{4}} v_2 \quad \text{und} \quad \frac{1}{2} v_1 - \frac{3i}{\sqrt{12}} v_2.$$

Die **Messung** eines Q-Bits bedeutet nun, das Zufallsexperiment

$$(\{v_1, v_2\}, \mathcal{P}(\{v_1, v_2\}), \mathbb{P}_{v,\{v_1,v_2\}})$$

durchzuführen. Sehr wichtig dabei ist, dass sich das Q-Bit v durch eine Messung verändert:

Ist v_1 das Ergebnis der Messung, so geht $v = \hat{\lambda}_1 v_1 + \hat{\lambda}_2 v_2$ durch die Messung in das Q-Bit $\frac{\hat{\lambda}_1}{|\hat{\lambda}_1|} v_1$ über. Ist v_2 das Ergebnis der Messung, so geht $v = \hat{\lambda}_1 v_1 + \hat{\lambda}_2 v_2$ durch die Messung in das Q-Bit $\frac{\hat{\lambda}_2}{|\hat{\lambda}_2|} v_2$ über. Eine weitere Messung dieser Art würde also stets das Ergebnis der ersten Messung ergeben. Die Tatsache, dass sich ein Q-Bit durch Messung verändert, ist sehr wichtig und hat weitreichende Konsequenzen, auf die wir noch zu sprechen kommen werden.

Wir können ein Q-Bit – dargestellt bezüglich der Orthonormalbasis $\{v_1, v_2\}$ – durch

$$v = \hat{\lambda}_1 v_1 + \hat{\lambda}_2 v_2; \ |\hat{\lambda}_1|^2 + |\hat{\lambda}_2|^2 = 1, \ \hat{\lambda}_1, \hat{\lambda}_2 \in \mathbb{C}$$

auch bezüglich einer anderen Orthonormalbasis $\{u_1, u_2\}$ von $\mathcal{H}$ messen. Da es komplexe Zahlen $\hat{\mu}_1, \hat{\mu}_2, \hat{\mu}_3, \hat{\mu}_4$ gibt mit

$$v_1 = \hat{\mu}_1 u_1 + \hat{\mu}_2 u_2 \quad \text{und} \quad v_2 = \hat{\mu}_3 u_1 + \hat{\mu}_4 u_2,$$

wobei

$$|\hat{\mu}_1|^2 + |\hat{\mu}_2|^2 = |\hat{\mu}_3|^2 + |\hat{\mu}_4|^2 = 1,$$

folgt

$$v = (\hat{\lambda}_1 \hat{\mu}_1 + \hat{\lambda}_2 \hat{\mu}_3) u_1 + (\hat{\lambda}_1 \hat{\mu}_2 + \hat{\lambda}_2 \hat{\mu}_4) u_2.$$

Wir erhalten somit den Wahrscheinlichkeitsraum

$$(\{u_1, u_2\}, \mathcal{P}(\{u_1, u_2\}), \mathbb{P}_{v,\{u_1,u_2\}})$$

und interpretieren

$$\mathbb{P}_{v,\{u_1,u_2\}}(\{u_1\}) = |\hat{\lambda}_1 \hat{\mu}_1 + \hat{\lambda}_2 \hat{\mu}_3|^2 \quad \text{als Wahrscheinlichkeit für } v = u_1,$$
$$\mathbb{P}_{v,\{u_1,u_2\}}(\{u_2\}) = |\hat{\lambda}_1 \hat{\mu}_2 + \hat{\lambda}_2 \hat{\mu}_4|^2 \quad \text{als Wahrscheinlichkeit für } v = u_2.$$

Ist u_1 das Ergebnis der Messung, so geht das Q-Bit

$$v = \hat{\lambda}_1 v_1 + \hat{\lambda}_2 v_2 = (\hat{\lambda}_1 \hat{\mu}_1 + \hat{\lambda}_2 \hat{\mu}_3) u_1 + (\hat{\lambda}_1 \hat{\mu}_2 + \hat{\lambda}_2 \hat{\mu}_4) u_2$$

durch die Messung in das Q-Bit

$$\frac{(\hat{\lambda}_1 \hat{\mu}_1 + \hat{\lambda}_2 \hat{\mu}_3)}{|(\hat{\lambda}_1 \hat{\mu}_1 + \hat{\lambda}_2 \hat{\mu}_3)|} u_1$$

über. Ist u_2 das Ergebnis der Messung, so geht v durch die Messung in das Q-Bit

$$\frac{\hat{\lambda}_1 \hat{\mu}_2 + \hat{\lambda}_2 \hat{\mu}_4}{|\hat{\lambda}_1 \hat{\mu}_2 + \hat{\lambda}_2 \hat{\mu}_4|} u_2$$

über.

Nehmen wir nun an, die erste Messung von v bezüglich $\{v_1, v_2\}$ liefert das Ergebnis $\frac{\hat{\lambda}_2}{|\hat{\lambda}_2|} v_2$, so ändert sich nichts, wenn wir erneut bezüglich $\{v_1, v_2\}$ messen. Da aber

$$\frac{\hat{\lambda}_2}{|\hat{\lambda}_2|} v_2 = \frac{\hat{\lambda}_2}{|\hat{\lambda}_2|} \hat{\mu}_3 u_1 + \frac{\hat{\lambda}_2}{|\hat{\lambda}_2|} \hat{\mu}_4 u_2,$$

bringt nun eine Messung bezüglich $\{u_1, u_2\}$ wieder eine Veränderung des Q-Bits.

Der Messvorgang eines Q-Bits entspricht der Durchführung eines Zufallsexperiments mit zwei möglichen Ergebnissen. Somit ist die maximale Entropie bei einer Messung eines Q-Bits wegen Theorem 3.6 gegeben durch

$$-\frac{1}{2} \operatorname{ld}\left(\frac{1}{2}\right) - \frac{1}{2} \operatorname{ld}\left(\frac{1}{2}\right) = 1 \text{ bit,}$$

was eine Brücke zu den klassischen Bits schlägt.

Q-Bits können in der Kryptographie verwendet werden, um geheime Schlüssel zu übertragen. Erinnern wir uns an die Verschlüsselung aus Kap. 1, so war im Sender und im Empfänger ein Schlüssel bestehend aus ebenso vielen (zufällig gewählten) Bits nötig, wie für die zu übertragende Nachricht nötig waren. Sei nun wieder $B = \{v_1, v_2\}$ eine Orthonormalbasis von $\mathcal{H}$, so verwendet man im Folgenden vier Q-Bits

$$v_1, \quad v_2, \quad \frac{1}{\sqrt{2}} v_1 + \frac{1}{\sqrt{2}} v_2, \quad \frac{1}{\sqrt{2}} v_1 - \frac{1}{\sqrt{2}} v_2.$$

Sender und Empfänger einigen sich auf die Zuordnung

$$v_1 \mathrel{\hat{=}} 0, \quad v_2 \mathrel{\hat{=}} 1, \quad \frac{1}{\sqrt{2}} v_1 + \frac{1}{\sqrt{2}} v_2 \mathrel{\hat{=}} 0, \quad \frac{1}{\sqrt{2}} v_1 - \frac{1}{\sqrt{2}} v_2 \mathrel{\hat{=}} 1.$$

Der Sender wählt nun rein zufällig eine Folge $\{b_k\}_{k=1,\dots,N}$, $b_k \in \{0, 1\}$, klassischer Bits, die er an den Empfänger übertragen will, und wählt für jedes dieser Bits mit Wahrscheinlichkeit $\frac{1}{2}$ eines der entsprechenden Q-Bits (also v_1 oder $\left(\frac{1}{\sqrt{2}} v_1 + \frac{1}{\sqrt{2}} v_2\right)$ für „0", v_2 oder $\left(\frac{1}{\sqrt{2}} v_1 - \frac{1}{\sqrt{2}} v_2\right)$ für „1"). Somit erhält man eine Folge $\{w_k\}_{k=1,\dots,N}$ von Q-Bits mit

$$w_k \in \left\{ v_1, \; v_2, \; \frac{1}{\sqrt{2}} v_1 + \frac{1}{\sqrt{2}} v_2, \; \frac{1}{\sqrt{2}} v_1 - \frac{1}{\sqrt{2}} v_2 \right\},$$

welche (etwa mit Hilfe von polarisiertem Licht über ein Glasfaserkabel) an den Empfänger übertragen werden. Der Empfänger misst nun die eingehenden Q-Bits. Für diese Messung wählt er für jedes Q-Bit mit Wahrscheinlichkeit $\frac{1}{2}$ eine der beiden Orthonormalbasen

$$B_1 = \{v_1, v_2\} \quad \text{oder} \quad B_2 = \left\{\frac{1}{\sqrt{2}}v_1 + \frac{1}{\sqrt{2}}v_2, \frac{1}{\sqrt{2}}v_1 - \frac{1}{\sqrt{2}}v_2\right\}$$

und führt bezüglich dieser Basis eine Messung durch. Wegen

$$v_1 = 1 \cdot v_1 + 0 \cdot v_2$$

$$v_1 = \frac{1}{\sqrt{2}} \cdot \left(\frac{1}{\sqrt{2}}v_1 + \frac{1}{\sqrt{2}}v_2\right) + \frac{1}{\sqrt{2}} \cdot \left(\frac{1}{\sqrt{2}}v_1 - \frac{1}{\sqrt{2}}v_2\right)$$

$$v_2 = 0 \cdot v_1 + 1 \cdot v_2$$

$$v_2 = \frac{1}{\sqrt{2}} \cdot \left(\frac{1}{\sqrt{2}}v_1 + \frac{1}{\sqrt{2}}v_2\right) + \left(-\frac{1}{\sqrt{2}}\right) \cdot \left(\frac{1}{\sqrt{2}}v_1 - \frac{1}{\sqrt{2}}v_2\right)$$

$$\frac{1}{\sqrt{2}}v_1 + \frac{1}{\sqrt{2}}v_2 = \frac{1}{\sqrt{2}} \cdot v_1 + \frac{1}{\sqrt{2}} \cdot v_2$$

$$\frac{1}{\sqrt{2}}v_1 + \frac{1}{\sqrt{2}}v_2 = 1 \cdot \left(\frac{1}{\sqrt{2}} \cdot v_1 + \frac{1}{\sqrt{2}}v_2\right) + 0 \cdot \left(\frac{1}{\sqrt{2}} \cdot v_1 - \frac{1}{\sqrt{2}}v_2\right)$$

$$\frac{1}{\sqrt{2}}v_1 - \frac{1}{\sqrt{2}}v_2 = \frac{1}{\sqrt{2}} \cdot v_1 + \left(-\frac{1}{\sqrt{2}}\right) \cdot v_2$$

$$\frac{1}{\sqrt{2}}v_1 - \frac{1}{\sqrt{2}}v_2 = 0 \cdot \left(\frac{1}{\sqrt{2}} \cdot v_1 + \frac{1}{\sqrt{2}}v_2\right) + 1 \cdot \left(\frac{1}{\sqrt{2}} \cdot v_1 - \frac{1}{\sqrt{2}}v_2\right)$$

können folgende Fälle auftreten:

Tab. 6.1 Schlüsselübertragung mit Q-Bits

Gesendet	Basis für die Messung	Klassisches Bit nach Messung
v_1	B_1	0
v_1	B_2	0 oder 1 (zufällig)
v_2	B_1	1
v_2	B_2	0 oder 1 (zufällig)
$\frac{1}{\sqrt{2}}v_1 + \frac{1}{\sqrt{2}}v_2$	B_1	0 oder 1 (zufällig)
$\frac{1}{\sqrt{2}}v_1 + \frac{1}{\sqrt{2}}v_2$	B_2	0
$\frac{1}{\sqrt{2}}v_1 - \frac{1}{\sqrt{2}}v_2$	B_1	0 oder 1 (zufällig)
$\frac{1}{\sqrt{2}}v_1 - \frac{1}{\sqrt{2}}v_2$	B_2	1

Über einen klassischen Übertragungskanal (z. B. Telefon) tauschen sich Sender und Empfänger darüber aus, bei welchem gesendeten Q-Bit der Empfänger die passende Basis gewählt hat (und damit das Ergebnis der Messung nicht zufällig war, sondern das zu übertragende Bit ergeben hat). Dabei wird über das Ergebnis der Messung selbst nicht gesprochen. Das Abhören dieser Kommunikation liefert also keine Information über den geheimen Schlüssel. Die durch Zufall empfangenen Bits (Wahl der falschen Basis) werden nicht verwendet, sondern ignoriert.

Wenn nun ein Angreifer die Übertragung des Q-Bits abfängt, so kann er das nur dadurch tun, dass er eine der beiden Basen B_1 oder B_2, deren Verwendung durch den Sender er (zum Beispiel durch Spionage) kennt, rein zufällig wählt, das entsprechende Q-Bit einer Messung bezüglich dieser Basis zuführt und dann das gemessene Q-Bit an den Empfänger weitersendet. Hat der Angreifer die richtige Basis erraten, so erhält er durch die Messung des Q-Bits das korrekte Bit und das Q-Bit selbst wird durch die Messung nicht verändert. Wählt der Angreifer die falsche Basis, so wird das Q-Bit durch die Messung folgendermaßen verändert:

$$v_1 \text{ mit Basis } B_2 \;\; \rightarrow \;\; \left(\frac{1}{\sqrt{2}}v_1 + \frac{1}{\sqrt{2}}v_2\right) \quad \text{oder} \quad \left(\frac{1}{\sqrt{2}}v_1 - \frac{1}{\sqrt{2}}v_2\right)$$

$$v_2 \text{ mit Basis } B_2 \;\; \rightarrow \;\; \left(\frac{1}{\sqrt{2}}v_1 + \frac{1}{\sqrt{2}}v_2\right) \quad \text{oder} \quad -\left(\frac{1}{\sqrt{2}}v_1 - \frac{1}{\sqrt{2}}v_2\right)$$

$$\left(\frac{1}{\sqrt{2}}v_1 + \frac{1}{\sqrt{2}}v_2\right) \text{ mit Basis } B_1 \;\; \rightarrow \;\; v_1 \quad \text{oder} \quad v_2$$

$$\left(\frac{1}{\sqrt{2}}v_1 - \frac{1}{\sqrt{2}}v_2\right) \text{ mit Basis } B_1 \;\; \rightarrow \;\; v_1 \quad \text{oder} \quad -v_2.$$

Führt der Empfänger nun eine Messung des veränderten Q-Bits durch und stellt sich später (etwa durch ein Telefonat mit dem Sender) heraus, dass er die richtige Basis für diese Messung verwendet hat (ansonsten spielt die Veränderung des Q-Bits keine Rolle, da das resultierende Bit ignoriert wird), so erhält er mit Wahrscheinlichkeit $\frac{1}{2}$ ein falsches Bit, das er für richtig hält. Allerdings können im Gegensatz zur klassischen Kryptographie der Sender und der Empfänger feststellen, dass abgehört wurde. Dazu werden Bits versendet, die für den Schlüssel irrelevant sind, die also durchaus bekannt werden dürfen. Bei diesen Bits wird nun bei der klassischen Kommunikation zwischen Sender und Empfänger (etwa über Telefon) nicht nur überprüft, ob der Empfänger die zum Q-Bit passende Basis gewählt hat, sondern es wird im Falle, dass das gesendete Q-Bit und die gewählte Basis zusammenpassen, auch verglichen, welches Bit versendet wurde und welches Bit empfangen wurde. Stimmt dies nicht für jedes dieser Prüfbits überein, so wurde mindestens ein Q-Bit bei der Übertragung verändert und somit abgehört. Diese Verwendung von Q-Bits in der Kryptographie wird als BB84-Protokoll bezeichnet (siehe [NieChu00]).

Nun könnte man auf die Idee kommen, dass der Angreifer – um nicht entdeckt zu werden – das abgehörte Q-Bit einfach kopiert, dann eine Messung durchführt und die

Kopie an den Empfänger weiterschickt. Die Tatsache, dass dies nicht möglich ist, wird sich in Abschn. 6.4 zeigen.

6.2 Tensorräume und Multi-Q-Bits

Ist $x \in B$ ein klassisches Bit, so fasst man häufig mehrere Bits zu einem Symbol $y \in B^n$ zusammen (für $n = 8$ spricht man von einem Byte). Völlig analog zum Weg vom klassischen Bit zum Q-Bit gehen wir nun den Weg vom Symbol $y \in B^n$, $n \in \mathbb{N}$, zum Multi-Q-Bit. Da $y \in B^n$ genau 2^n verschiedene Werte annehmen kann, benötigen wir nun einen Hilbert-Raum (bezeichnet mit $\mathcal{H}^{\otimes n}$) der Dimension $d = 2^n$, der für den Spezialfall $n = 1$ gerade den Hilbert-Raum $\mathcal{H}$ liefert. Wichtig für die Untersuchung von Multi-Q-Bits sind die durch Isomorphie erhaltenen Eigenschaften von $\mathcal{H}^{\otimes n}$ und weniger die nun folgende algebraische Herleitung. Sei

$$\mathcal{M} := \{f : \mathcal{H}^n \to \mathbb{C}; \ |\{h \in \mathcal{H}^n; f(h) \neq 0\}| < \infty\}.$$

Ferner betrachten wir für $(y_1, y_2, \ldots, y_n) \in \mathcal{H}^n$ die Abbildungen

$$\delta_{(y_1, y_2, \ldots, y_n)} : \mathcal{H}^n \to \mathbb{C},$$

$$(x_1, x_2, \ldots, x_n) \mapsto \begin{cases} 1 & \text{falls } (y_1, y_2, \ldots, y_n) = (x_1, x_2, \ldots, x_n) \\ 0 & \text{falls } (y_1, y_2, \ldots, y_n) \neq (x_1, x_2, \ldots, x_n) \end{cases}$$

und den Unterraum $\mathcal{M}_0$ von $\mathcal{M}$ erzeugt durch:

$$\Big\{ \delta_{(y_1 + y_1', y_2, \ldots, y_n)} - \delta_{(y_1, y_2, \ldots, y_n)} - \delta_{(y_1', y_2, \ldots, y_n)}, $$

$$\delta_{(y_1, y_2 + y_2', \ldots, y_n)} - \delta_{(y_1, y_2, \ldots, y_n)} - \delta_{(y_1, y_2', \ldots, y_n)}, $$

$$\vdots$$

$$\delta_{(y_1, y_2, \ldots, y_n + y_n')} - \delta_{(y_1, y_2, \ldots, y_n)} - \delta_{(y_1, y_2, \ldots, y_n')}, $$

$$\delta_{(a y_1, y_2, \ldots, y_n)} - a \delta_{(y_1, y_2, \ldots, y_n)}, $$

$$\delta_{(y_1, a y_2, \ldots, y_n)} - a \delta_{(y_1, y_2, \ldots, y_n)}, $$

$$\vdots$$

$$\delta_{(y_1, y_2, \ldots, a y_n)} - a \delta_{(y_1, y_2, \ldots, y_n)}$$

$$\text{mit}$$

$$y_1, y_1', \ldots, y_n, y_n' \in \mathcal{H}, \ a \in \mathbb{C} \Big\}.$$

Durch den Übergang zum Quotientenraum definieren wir

$$\mathcal{H}^{\otimes n} := \mathcal{M} / \mathcal{M}_0.$$

Man kann nun zeigen, dass der Vektorraum $\mathcal{H}^{\otimes n}$ isomorph zu folgendem Vektorraum $\mathfrak{T}$ ist:

Sei $\{v_1, v_2\}$ eine Orthonormalbasis von $\mathcal{H}$, so betrachten wir 2^n Objekte

$$v_{i_1} \otimes v_{i_2} \otimes \ldots \otimes v_{i_n}, \quad i_j \in \{1, 2\}, \quad j = 1, \ldots, n,$$

mit folgenden Eigenschaften:

(i) Zu 2^n komplexen Zahlen $\lambda_{i_1,\ldots,i_n}$, $i_j \in \{1, 2\}$, $j = 1, \ldots, n$, kann man eine Größe $\mathbf{t}$ (einen sogenannten **Tensor**)

$$\mathbf{t} = \sum_{i_1=1}^{2} \ldots \sum_{i_n=1}^{2} \lambda_{i_1,\ldots,i_n} \cdot v_{i_1} \otimes v_{i_2} \otimes \ldots \otimes v_{i_n}$$

bilden.

(ii) Auf der Menge

$$\mathfrak{T} = \left\{ \sum_{i_1=1}^{2} \ldots \sum_{i_n=1}^{2} \lambda_{i_1,\ldots,i_n} \cdot v_{i_1} \otimes v_{i_2} \otimes \ldots \otimes v_{i_n}; \lambda_{i_1,\ldots,i_n} \in \mathbb{C} \right\}.$$

der Tensoren ist eine Addition

$$+ : \mathfrak{T} \times \mathfrak{T} \to \mathfrak{T}, \quad (\mathbf{t_1}, \mathbf{t_2}) \mapsto \mathbf{t_3} \quad \text{mit}$$

$$\mathbf{t_1} = \sum_{i_1=1}^{2} \ldots \sum_{i_n=1}^{2} \lambda_{i_1,\ldots,i_n} \cdot v_{i_1} \otimes v_{i_2} \otimes \ldots \otimes v_{i_n}$$

$$\mathbf{t_2} = \sum_{i_1=1}^{2} \ldots \sum_{i_n=1}^{2} \mu_{i_1,\ldots,i_n} \cdot v_{i_1} \otimes v_{i_2} \otimes \ldots \otimes v_{i_n}$$

$$\mathbf{t_3} = \sum_{i_1=1}^{2} \ldots \sum_{i_n=1}^{2} (\lambda_{i_1,\ldots,i_n} + \mu_{i_1,\ldots,i_n}) \cdot v_{i_1} \otimes v_{i_2} \otimes \ldots \otimes v_{i_n}$$

und eine skalare Multiplikation

$$\cdot : \mathbb{C} \times \mathfrak{T} \to \mathfrak{T}, \quad (z, \mathbf{t}) \mapsto \mathbf{w} \quad \text{mit}$$

$$\mathbf{t} = \sum_{i_1=1}^{2} \ldots \sum_{i_n=1}^{2} \lambda_{i_1,\ldots,i_n} \cdot v_{i_1} \otimes v_{i_2} \otimes \ldots \otimes v_{i_n}$$

$$\mathbf{w} = \sum_{i_1=1}^{2} \ldots \sum_{i_n=1}^{2} (z \cdot \lambda_{i_1,\ldots,i_n}) \cdot v_{i_1} \otimes v_{i_2} \otimes \ldots \otimes v_{i_n}$$

definiert, die $\mathfrak{T}$ zu einem Vektorraum über $\mathbb{C}$ machen.

(iii) Es gilt die **Fundamentalidentität**: Sei

$$u_i = \lambda_{1,i} v_1 + \lambda_{2,i} v_2 \in \mathcal{H}, \quad i = 1, \ldots, n, \quad \lambda_{j,i} \in \mathbb{C}, \quad j = 1, 2,$$

so gilt:

$$u_1 \otimes u_2 \otimes \ldots \otimes u_n = \sum_{i_1=1}^{2} \ldots \sum_{i_n=1}^{2} (\lambda_{i_1,1} \cdot \ldots \cdot \lambda_{i_n,n}) \cdot v_{i_1} \otimes v_{i_2} \otimes \ldots \otimes v_{i_n}.$$

Da die Vektorräume $\mathcal{H}^{\otimes n}$ und $\mathfrak{T}$ isomorph sind, identifizieren wir $\mathcal{H}^{\otimes n}$ mit $\mathfrak{T}$. Die Abbildung

$$\langle \cdot, \cdot \rangle_{\mathcal{H}^{\otimes n}} : \mathcal{H}^{\otimes n} \times \mathcal{H}^{\otimes n} \to \mathbb{C}, \quad (\mathbf{t_1}, \mathbf{t_2}) \mapsto z \quad \text{mit}$$

$$\mathbf{t_1} = \sum_{i_1=1}^{2} \ldots \sum_{i_n=1}^{2} \lambda_{i_1,\ldots,i_n} \cdot v_{i_1} \otimes v_{i_2} \otimes \ldots \otimes v_{i_n}$$

$$\mathbf{t_2} = \sum_{i_1=1}^{2} \ldots \sum_{i_n=1}^{2} \mu_{i_1,\ldots,i_n} \cdot v_{i_1} \otimes v_{i_2} \otimes \ldots \otimes v_{i_n}$$

$$z = \sum_{i_1=1}^{2} \ldots \sum_{i_n=1}^{2} \overline{\lambda_{i_1,\ldots,i_n}} \mu_{i_1,\ldots,i_n}$$

erfüllt die Forderungen (SP1)–(SP4) von Definition 6.1 und mit diesem Skalarprodukt wird $\mathcal{H}^{\otimes n}$ ein Hilbertraum mit Orthonormalbasis

$$\{v_{i_1} \otimes v_{i_2} \otimes \ldots \otimes v_{i_n}; \, i_j \in \{1,2\}, \, j = 1, \ldots, n\}.$$

Mit

$$\|\mathbf{t}\|_{\mathcal{H}^{\otimes n}}^2 := \langle \mathbf{t}, \mathbf{t} \rangle_{\mathcal{H}^{\otimes n}} \quad \text{für alle } \mathbf{t} \in \mathcal{H}^{\otimes n}$$

wird nun

$$S_{\mathcal{H}^{\otimes n}} := \{\mathbf{t} \in \mathcal{H}^{\otimes n}; \, \|\mathbf{t}\|_{\mathcal{H}^{\otimes n}} = 1\}$$

wieder als **Sphäre von** $\mathcal{H}^{\otimes n}$ bezeichnet und jedes

$$\mathbf{s} \in S_{\mathcal{H}^{\otimes n}}$$

heißt **Multi-Q-Bit** (bestehend aus n Q-Bits). Wie bei Q-Bits zeichnet man wieder eine Klasse von Funktionen F_G aus, die ein Multi-Q-Bit auf ein Multi-Q-Bit abbilden; dazu betrachtet man wieder lineare Funktionen

$$G : \mathcal{H}^{\otimes n} \to \mathcal{H}^{\otimes n} \quad \text{mit} \quad G(S_{\mathcal{H}^{\otimes n}}) \subseteq S_{\mathcal{H}^{\otimes n}}$$

und legt

$$F_G = G_{|S_{\mathcal{H}}^{\otimes n}}$$

fest. Funktionen dieser Art werden wieder als **Gates** bezeichnet und können abhängig von einer Orthonormalbasis für $\mathcal{H}^{\otimes n}$ durch eine unitäre Matrix $\mathbf{M} \in \mathbb{C}^{2^n, 2^n}$ dargestellt werden.

Für den Hilbertraum $\mathcal{H}^{\otimes n}$ gibt es natürlich neben

$$\{v_{i_1} \otimes v_{i_2} \otimes \ldots \otimes v_{i_n}; \; i_j \in \{1, 2\}, \; j = 1, \ldots, n\}$$

noch andere Orthonormalbasen, wie zum Beispiel

$$\frac{1}{\sqrt{2}} v_1 \otimes v_{i_2} \otimes \ldots \otimes v_{i_n} - \frac{1}{\sqrt{2}} v_2 \otimes v_{i_2} \otimes \ldots \otimes v_{i_n}, \quad i_j \in \{1, 2\}, \; j = 2, \ldots, n,$$

$$\frac{1}{\sqrt{2}} v_1 \otimes v_{i_2} \otimes \ldots \otimes v_{i_n} + \frac{1}{\sqrt{2}} v_2 \otimes v_{i_2} \otimes \ldots \otimes v_{i_n}, \quad i_j \in \{1, 2\}, \; j = 2, \ldots, n.$$

Wie bei Q-Bits läßt sich die Sphäre $S_{\mathcal{H}^{\otimes n}}$ bezüglich einer Orthonormalbasis

$$\{\mathbf{b}_1, \ldots, \mathbf{b}_{2^n}\}$$

von $\mathcal{H}^{\otimes n}$ durch

$$S_{\mathcal{H}^{\otimes n}} = \left\{ \sum_{i=1}^{2^n} \lambda_i \cdot \mathbf{b}_i; \; \sum_{i=1}^{2^n} |\lambda_i|^2 = 1, \; \lambda_i \in \mathbb{C} \right\}$$

darstellen.

Beispiel 6.2 Nun betrachten wir zwei wichtige Klassen von Gates für Multi-Q-Bits. Dabei gehen wir von der festen Orthonormalbasis

$$\mathfrak{B}_n = \{\hat{\mathbf{b}}_1, \ldots, \hat{\mathbf{b}}_{2^n}\} := \{v_{i_1} \otimes v_{i_2} \otimes \ldots \otimes v_{i_n}; \; i_j \in \{1, 2\}, \; j = 1, \ldots, n\}, \; n \in \mathbb{N},$$

des Hilbertraumes $\mathcal{H}^{\otimes n}$ aus, um die Gates als Matrizen darstellen zu können. Als Nummerierung wählen wir

$$\hat{\mathbf{b}}_k = v_{i_1} \otimes v_{i_2} \otimes \ldots \otimes v_{i_n} \quad \text{mit} \quad k = 1 + \sum_{j=1}^{n} (i_j - 1) 2^{n-j}, \quad i_j \in \{1, 2\}.$$

Es gilt also

$$\hat{\mathbf{b}}_1 = v_1 \otimes v_1 \otimes \ldots \otimes v_1 \otimes v_1$$
$$\hat{\mathbf{b}}_2 = v_1 \otimes v_1 \otimes \ldots \otimes v_1 \otimes v_2$$
$$\hat{\mathbf{b}}_3 = v_1 \otimes v_1 \otimes \ldots \otimes v_2 \otimes v_1$$
$$\hat{\mathbf{b}}_4 = v_1 \otimes v_1 \otimes \ldots \otimes v_2 \otimes v_2$$
$$\vdots = \vdots$$
$$\hat{\mathbf{b}}_{2^n} = v_2 \otimes v_2 \otimes \ldots \otimes v_2 \otimes v_2.$$

Für zwei gegebene Matrizen $\mathbf{A} = (a_{i,j}) \in \mathbb{C}^{p,p}$ und $\mathbf{B} = (b_{m,n}) \in \mathbb{C}^{q,q}$, $p, q \in \mathbb{N}$, ist das **Kronecker-Produkt** $\mathbf{A} \otimes \mathbf{B}$ gegeben durch

$$\mathbf{A} \otimes \mathbf{B} = \begin{pmatrix} a_{1,1} \cdot \mathbf{B} & a_{1,2} \cdot \mathbf{B} & \cdots & a_{1,p} \cdot \mathbf{B} \\ a_{2,1} \cdot \mathbf{B} & a_{2,2} \cdot \mathbf{B} & \cdots & a_{2,p} \cdot \mathbf{B} \\ \vdots & \vdots & & \vdots \\ a_{p,1} \cdot \mathbf{B} & a_{p,2} \cdot \mathbf{B} & \cdots & a_{p,p} \cdot \mathbf{B} \end{pmatrix} \in \mathbb{C}^{pq,pq}.$$

Für ein Q-Bit ($n = 1$) beginnen wir bezüglich $\mathfrak{B}_1$ mit dem Gate

$$\mathbf{H}_1 := \frac{1}{\sqrt{2}} \begin{pmatrix} 1 & 1 \\ 1 & -1 \end{pmatrix}$$

und definieren rekursiv

$$\mathbf{H}_n := \mathbf{H}_1 \otimes \mathbf{H}_{n-1} \in \mathbb{R}^{2^n, 2^n}, \quad n \in \mathbb{N}.$$

Für $n = 2$ ergibt sich somit zum Beispiel bezüglich $\mathfrak{B}_2$:

$$\mathbf{H}_2 := \frac{1}{2} \begin{pmatrix} 1 & 1 & 1 & 1 \\ 1 & -1 & 1 & -1 \\ 1 & 1 & -1 & -1 \\ 1 & -1 & -1 & 1 \end{pmatrix}$$

Die Gates $\mathbf{H}_n$ werden als **Hadamard-Gates** bezeichnet und spielen bei Quanten-Algorithmen eine wichtige Rolle; wir werden im nächsten Abschnitt darauf zurückkommen. Die Zeilen eines Hadamard-Gates repräsentieren Treppenfunktionen, die als **Walsh-Funktionen** bekannt sind und in der digitalen Nachrichtenübertragung zur Anwendung kommen (siehe [Gauß94]).

Nun untersuchen wir eine Boolsche Funktion

$$h : \{0, 1\}^n \to \{0, 1\}^m, \quad \mathbf{d} \mapsto (h(\mathbf{d})_1, \ldots, h(\mathbf{d})_m), \quad n, m \in \mathbb{N}.$$

Ziel ist es, dieser Funktion ein Analogon für Multi-Q-Bits zuzuordnen. Zu diesem Zweck verwenden wir die bereits bekannte algebraische Struktur auf $\{0, 1\}$ gegeben durch

$$0 \oplus 0 = 0, \quad 1 \oplus 0 = 0 \oplus 1 = 1, \quad 1 \oplus 1 = 0$$

und betrachten die Funktion

$$\tilde{h} : \{0, 1\}^{n+m} \to \{0, 1\}^{n+m},$$
$$(\mathbf{d}, d_{n+1}, \ldots, d_{n+m}) \mapsto (\mathbf{d}, d_{n+1} \oplus h(\mathbf{d})_1, \ldots, d_{n+m} \oplus h(\mathbf{d})_m).$$

Da

$$\tilde{h}(\mathbf{d}, 0, \ldots, 0) = (\mathbf{d}, h(\mathbf{d})) \quad \text{für alle} \quad \mathbf{d} \in \{0, 1\}^n,$$

repräsentiert $\tilde{h}$ die Funktion h, ist bijektiv und hat identischen Definitions- und Wertebereich. Im nächsten Schritt betrachten wir den Hilbertraum $\mathcal{H}^{\otimes(n+m)}$ mit der Basis $\mathfrak{B}_{n+m}$ und ordnen nun durch

$$K : \{0, 1\}^{n+m} \to \mathfrak{B}_{n+m}, \quad \mathbf{c} \mapsto \hat{\mathbf{b}}_r \quad \text{mit} \quad r = 1 + \sum_{p=1}^{n+m} c_p 2^{p-1}$$

eineindeutig jedem Element $\mathbf{c} \in \{0, 1\}^{n+m}$ ein Basiselement aus $\mathfrak{B}_{n+m}$ zu. Somit erhalten wir die bijektive Abbildung

$$K\tilde{h}K^{-1} : \mathfrak{B}_{n+m} \to \mathfrak{B}_{n+m}, \quad \hat{\mathbf{b}} \mapsto K(\tilde{h}(K^{-1}(\hat{\mathbf{b}}))),$$

die in der Basis $\mathfrak{B}_{n+m}$ durch eine reguläre Matrix

$$\mathbf{U}_h \in \{0, 1\}^{2^{n+m} \cdot 2^{n+m}}$$

mit

$$\{\mathbf{e}_1, \ldots, \mathbf{e}_{2^{n+m}}\} \to \{\mathbf{e}_1, \ldots, \mathbf{e}_{2^{n+m}}\}, \quad \mathbf{x} \mapsto \mathbf{U}_h \mathbf{x}$$

dargestellt werden kann, wobei $\{\mathbf{e}_j\}$ den j-ten Einheitsvektor im $\mathbb{R}^{2^{n+m}}$ bezeichnet.

Sei zum Beispiel

$$h : \{0, 1\}^2 \to \{0, 1\}, \quad \mathbf{d} \mapsto d_1 \oplus d_2,$$

so ist

$$\tilde{h} : \{0, 1\}^3 \to \{0, 1\}^3, \quad (d_1, d_2, d_3) \mapsto (d_1, d_2, d_3 \oplus (d_1 \oplus d_2))$$

und damit

$$K\tilde{h}K^{-1} : \mathfrak{B}_3 \to \mathfrak{B}_3 \quad \text{mit}$$

$$K\tilde{h}K^{-1}(\hat{\mathbf{b}}_1) = K\tilde{h}((0,0,0)) = K((0,0,0)) = \hat{\mathbf{b}}_1$$

$$K\tilde{h}K^{-1}(\hat{\mathbf{b}}_2) = K\tilde{h}((1,0,0)) = K((1,0,1)) = \hat{\mathbf{b}}_6$$

$$K\tilde{h}K^{-1}(\hat{\mathbf{b}}_3) = K\tilde{h}((0,1,0)) = K((0,1,1)) = \hat{\mathbf{b}}_7$$

$$K\tilde{h}K^{-1}(\hat{\mathbf{b}}_4) = K\tilde{h}((1,1,0)) = K((1,1,0)) = \hat{\mathbf{b}}_4$$

$$K\tilde{h}K^{-1}(\hat{\mathbf{b}}_5) = K\tilde{h}((0,0,1)) = K((0,0,1)) = \hat{\mathbf{b}}_5$$

$$K\tilde{h}K^{-1}(\hat{\mathbf{b}}_6) = K\tilde{h}((1,0,1)) = K((1,0,0)) = \hat{\mathbf{b}}_2$$

$$K\tilde{h}K^{-1}(\hat{\mathbf{b}}_7) = K\tilde{h}((0,1,1)) = K((0,1,0)) = \hat{\mathbf{b}}_3$$

$$K\tilde{h}K^{-1}(\hat{\mathbf{b}}_8) = K\tilde{h}((1,1,1)) = K((1,1,1)) = \hat{\mathbf{b}}_8.$$

Es ergibt sich die symmetrische Matrix

$$\mathbf{U}_h = \begin{pmatrix} 1 & 0 & 0 & 0 & 0 & 0 & 0 & 0 \\ 0 & 0 & 0 & 0 & 0 & 1 & 0 & 0 \\ 0 & 0 & 0 & 0 & 0 & 0 & 1 & 0 \\ 0 & 0 & 0 & 1 & 0 & 0 & 0 & 0 \\ 0 & 0 & 0 & 0 & 1 & 0 & 0 & 0 \\ 0 & 1 & 0 & 0 & 0 & 0 & 0 & 0 \\ 0 & 0 & 1 & 0 & 0 & 0 & 0 & 0 \\ 0 & 0 & 0 & 0 & 0 & 0 & 0 & 1 \end{pmatrix}.$$

Die spezielle Struktur der Abbildung

$$\tilde{h} : \{0,1\}^{n+m} \to \{0,1\}^{n+m},$$

nämlich

$$\tilde{h}(\tilde{h}(\mathbf{c})) = \mathbf{c} \quad \text{für alle} \quad \mathbf{c} \in \{0,1\}^{n+m},$$

garantiert, dass die Matrix

$$\mathbf{U}_h \in \{0,1\}^{2^{n+m},2^{n+m}}$$

stets symmetrisch (und damit unitär) ist. Daher sind wir in der Lage, jeder Boolschen Funktion

$$h : \{0,1\}^n \to \{0,1\}^m, \quad \mathbf{d} \mapsto (h(\mathbf{d})_1, \dots h(\mathbf{d})_m), \quad n, m \in \mathbb{N}$$

ein Gate

$$G_h : S_{\mathcal{H}^{\otimes(n+m)}} \to S_{\mathcal{H}^{\otimes(n+m)}}$$

zuzuordnen, das bezüglich der Basis $\mathfrak{B}_{n+m}$ durch die unitäre Matrix

$$\mathbf{U}_h \in \{0,1\}^{2^{n+m},2^{n+m}}$$

dargestellt werden kann. Das Besondere ist also, dass wir $\mathbf{U}_h$ auch auf Linearkombinationen der Basiselemente von $\mathfrak{B}_{n+m}$ (dargestellt in der Basis $\mathfrak{B}_{n+m}$) anwenden können; dies werden wir im folgenden Abschnitt tun.

Der Aufwand für einen Quanten-Computer, die Funktion G_h einmal auszuwerten (also eine Multiplikation der Matrix $\mathbf{U}_h$ mit einem Vektor $\mathbf{z} \in \mathbb{C}^{2^{n+m}}$ der Länge Eins), gilt als vergleichbar mit dem Aufwand einer Auswertung der Funktion h auf einer von Neumann-Architektur. ◁

6.3 Messungen

Ist ein Multi-Q-Bit

$$\mathbf{s} = \sum_{i=1}^{2^n} \hat{\lambda}_i \cdot \mathbf{b}_i, \quad \sum_{i=1}^{2^n} |\hat{\lambda}_i|^2 = 1, \; \hat{\lambda}_i \in \mathbb{C}$$

bezüglich einer Orthonormalbasis

$$B = \{\mathbf{b}_1, \ldots, \mathbf{b}_{2^n}\}$$

von $\mathcal{H}^{\otimes n}$ gegeben, so können wir die nichtnegativen reellen Zahlen $|\hat{\lambda}_i|^2, i = 1, \ldots, 2^n$, wieder als Wahrscheinlichkeiten interpretieren; wir erhalten einen Wahrscheinlichkeitsraum mit $\Omega = B$ und ein Wahrscheinlichkeitsmaß $\mathbb{P}_{\mathbf{s},B}$ definiert auf $\mathcal{P}(B)$ gegeben durch

$$\mathbb{P}_{\mathbf{s},B}(\{\mathbf{b}_i\}) = |\hat{\lambda}_i|^2, \quad i = 1, \ldots, 2^n.$$

Die maximale Entropie ist somit gleich

$$-\sum_{i=1}^{2^n} \frac{1}{2^n} \operatorname{ld}\left(\frac{1}{2^n}\right) = n \quad (\mathbf{s} \text{ besteht aus } n \text{ Q-Bits}),$$

wenn

$$|\hat{\lambda}_i|^2 = \frac{1}{2^n}, \quad i = 1 \ldots, 2^n.$$

Sei nun $E_1, \ldots, E_k, k \in \mathbb{N}$, eine Partition von B, also

(P1) $E_i \neq \emptyset$ für alle $i = 1, \ldots, k$,

(P2) $E_i \cap E_j = \emptyset$ für alle $i \neq j$,

(P3) $\bigcup\limits_{i=1}^{k} E_i = B$,

so erhält man die Wahrscheinlichkeiten

$$\mathbb{P}_{s,B}(E_i) = \sum_{b \in E_i} \mathbb{P}_{s,B}(\{\mathbf{b}\}).$$

Eine **Messung** des Multi-Q-Bits

$$\mathbf{s} = \sum_{i=1}^{2^n} \hat{\lambda}_i \cdot \mathbf{b}_i, \quad \sum_{i=1}^{2^n} |\hat{\lambda}_i|^2 = 1, \; \hat{\lambda}_i \in \mathbb{C}$$

besteht nun in der Durchführung eines Zufallsexperiments mit den möglichen Ergebnissen $E_1, \ldots, E_k$ und den entsprechenden obigen Wahrscheinlichkeiten. Die Messung eines Multi-Q-Bits bezieht sich also immer auf eine Partition einer Orthonormalbasis; die entsprechenden Wahrscheinlichkeiten erhält man, wenn man das zu messende Multi-Q-Bit in der entsprechenden Orthonormalbasis darstellt. Durch die Messung von $\mathbf{s}$ wird das gemessene Multi-Q-Bit folgendermaßen verändert, wenn $E_i = \{\mathbf{b}_{i_1}, \mathbf{b}_{i_2}, \ldots, \mathbf{b}_{i_m}\}$ das Ergebnis der Messung darstellt:

$$\mathbf{s} \quad \longrightarrow \quad \sum_{r=1}^{m} \frac{\hat{\lambda}_{i_r}}{\sqrt{\sum\limits_{r=1}^{m} |\hat{\lambda}_{i_r}|^2}} \mathbf{b}_{i_r}.$$

Für die Entropie $\mathbb{S}_{\mathbb{P}_{s,B}}$ gilt, wenn wir ohne Beschränkung der Allgemeinheit

$$\mathbb{P}_{s,B}(E_i) > 0 \quad \text{für alle} \quad i = 1, \ldots, k$$

voraussetzen:

$$\mathbb{S}_{\mathbb{P}_{s,B}} = -\sum_{b \in B} \sum_{j=1}^{k} \mathbb{P}_{s,B}(\{\mathbf{b}\} \cap E_j) \, \mathrm{ld}\left(\mathbb{P}_{s,B}(\{\mathbf{b}\} \cap E_j)\right) =$$

$$= -\sum_{b \in B} \sum_{j=1}^{k} \mathbb{P}_{s,B}^{E_j}(\{\mathbf{b}\}) \mathbb{P}_{s,B}(E_j) \, \mathrm{ld}\left(\mathbb{P}_{s,B}^{E_j}(\{\mathbf{b}\}) \mathbb{P}_{s,B}(E_j)\right) =$$

$$= -\sum_{b \in B} \sum_{j=1}^{k} \mathbb{P}_{s,B}^{E_j}(\{\mathbf{b}\}) \mathbb{P}_{s,B}(E_j) \, \mathrm{ld}\left(\mathbb{P}_{s,B}(E_j)\right) -$$

$$- \sum_{b \in B} \sum_{j=1}^{k} \mathbb{P}_{s,B}^{E_j}(\{\mathbf{b}\}) \mathbb{P}_{s,B}(E_j) \, \mathrm{ld}\left(\mathbb{P}_{s,B}^{E_j}(\{\mathbf{b}\})\right) =$$

$$= -\sum_{j=1}^{k} \mathbb{P}_{s,B}(E_j) \operatorname{ld}\left(\mathbb{P}_{s,B}(E_j)\right) -$$

$$-\sum_{j=1}^{k}\left(\mathbb{P}_{s,B}(E_j) \sum_{\mathbf{b}\in B} \mathbb{P}_{s,B}^{E_j}(\{\mathbf{b}\}) \operatorname{ld}\left(\mathbb{P}_{s,B}^{E_j}(\{\mathbf{b}\})\right)\right) =$$

$$= -\sum_{j=1}^{k} \mathbb{P}_{s,B}(E_j) \operatorname{ld}\left(\mathbb{P}_{s,B}(E_j)\right) -$$

$$-\sum_{j=1}^{k}\left(\mathbb{P}_{s,B}(E_j) \sum_{\mathbf{b}\in E_j} \mathbb{P}_{s,B}^{E_j}(\{\mathbf{b}\}) \operatorname{ld}\left(\mathbb{P}_{s,B}^{E_j}(\{\mathbf{b}\})\right)\right).$$

Wir können also die Entropie $\mathbb{S}_{\mathbb{P}_{s,B}}$ darstellen als Summe aus der Entropie der Partitionierung

$$-\sum_{j=1}^{k} \mathbb{P}_{s,B}(E_j) \operatorname{ld}\left(\mathbb{P}_{s,B}(E_j)\right)$$

und der mittleren bedingten Entropie:

$$-\sum_{j=1}^{k}\left(\mathbb{P}_{s,B}(E_j) \sum_{\mathbf{b}\in E_j} \mathbb{P}_{s,B}^{E_j}(\{\mathbf{b}\}) \operatorname{ld}\left(\mathbb{P}_{s,B}^{E_j}(\{\mathbf{b}\})\right)\right).$$

Seien nun n Q-Bits

$$w_i = \lambda_{1,i} v_1 + \lambda_{2,i} v_2 \quad \text{mit} \quad \lambda_{1,i}, \lambda_{2,i} \in \mathbb{C}, \quad |\lambda|_{1,i}^2 + |\lambda|_{2,i}^2 = 1, \quad i = 1\ldots,n,$$

gegeben, so ergibt sich durch die Fundamentalidentität:

$$w_1 \otimes w_2 \otimes \ldots \otimes w_n = \sum_{i_1=1}^{2} \ldots \sum_{i_n=1}^{2} (\lambda_{i_1,1} \cdot \ldots \cdot \lambda_{i_n,n}) \cdot v_{i_1} \otimes v_{i_2} \otimes \ldots \otimes v_{i_n}.$$

Da nun

$$\sum_{i_1=1}^{2} \ldots \sum_{i_n=1}^{2} |\lambda_{i_1,1} \cdot \ldots \cdot \lambda_{i_n,n}|^2 = \prod_{i=1}^{n} \left(|\lambda_{1,i}|^2 + |\lambda_{2,i}|^2\right),$$

ergeben sich bei der Messung des j-ten Q-Bits in $w_1 \otimes w_2 \otimes \ldots \otimes w_n$, also bei der Betrachtung der Partition

$$E_{w_j = v_1} = \{v_{i_1} \otimes v_{i_2} \otimes \ldots \otimes v_{i_n}; i_1, \ldots, i_n \in \{1, 2\}, v_{i_j} = v_1\}$$
$$E_{w_j = v_2} = \{v_{i_1} \otimes v_{i_2} \otimes \ldots \otimes v_{i_n}; i_1, \ldots, i_n \in \{1, 2\}, v_{i_j} = v_2\}$$

der Orthonormalbasis

$$B = \{v_{i_1} \otimes v_{i_2} \otimes \ldots \otimes v_{i_n}; \, i_k \in \{1,2\}, \, k = 1, \ldots, n\},$$

die Wahrscheinlichkeiten

$$\mathbb{P}_{w_1 \otimes w_2 \otimes \ldots \otimes w_n, B}(E_{w_j = v_1}) = |\lambda_{1,j}|^2$$
$$\mathbb{P}_{w_1 \otimes w_2 \otimes \ldots \otimes w_n, B}(E_{w_j = v_2}) = |\lambda_{2,j}|^2,$$

die somit nur von der Darstellung des j-ten Q-Bits bezüglich $\{v_1, v_2\}$ abhängen. Ist nun $E_{w_j = v_1}$ das Ergebnis der Messung, so geht das Multi-Q-Bit

$$w_1 \otimes w_2 \otimes \ldots \otimes w_n$$

über in das Multi-Q-Bit

$$w_1 \otimes w_2 \otimes \ldots \otimes w_{j-1} \otimes \frac{\lambda_{1,j}}{|\lambda_{1,j}|} v_1 \otimes w_{j+1} \otimes \ldots \otimes w_n =$$

$$= \sum_{i_1=1}^{2} \ldots \sum_{i_{j-1}=1}^{2} \sum_{i_{j+1}=1}^{2} \ldots \sum_{i_n=1}^{2} (\lambda_{i_1,1} \cdot \ldots \cdot \lambda_{i_{j-1},j-1} \cdot \frac{\lambda_{1,j}}{|\lambda_{1,j}|} \cdot \lambda_{i_{j+1},j+1} \cdot \ldots \cdot \lambda_{i_n,n}) \cdot$$

$$\cdot \, v_{i_1} \otimes v_{i_2} \otimes \ldots \otimes v_{i_{j-1}} \otimes v_1 \otimes v_{i_{j+1}} \otimes \ldots \otimes v_{i_n}.$$

Anderenfalls geht das Multi-Q-Bit

$$w_1 \otimes w_2 \otimes \ldots \otimes w_n$$

in das Multi-Q-Bit

$$w_1 \otimes w_2 \otimes \ldots \otimes w_{j-1} \otimes \frac{\lambda_{2,j}}{|\lambda_{2,j}|} v_2 \otimes w_{j+1} \otimes \ldots \otimes w_n =$$

$$= \sum_{i_1=1}^{2} \ldots \sum_{i_{j-1}=1}^{2} \sum_{i_{j+1}=1}^{2} \ldots \sum_{i_n=1}^{2} (\lambda_{i_1,1} \cdot \ldots \cdot \lambda_{i_{j-1},j-1} \cdot \frac{\lambda_{2,j}}{|\lambda_{2,j}|} \cdot \lambda_{i_{j+1},j+1} \cdot \ldots \cdot \lambda_{i_n,n}) \cdot$$

$$\cdot \, v_{i_1} \otimes v_{i_2} \otimes \ldots \otimes v_{i_{j-1}} \otimes v_2 \otimes v_{i_{j+1}} \otimes \ldots \otimes v_{i_n}$$

über.

Die in

$$w_1 \otimes w_2 \otimes \ldots \otimes w_n$$

enthaltenen Q-Bits $w_1, \ldots, w_{j-1}, w_{j+1}, \ldots, w_n$ bleiben also durch eine Messung des j-ten Q-Bits gegeben durch die Partition $E_{w_j = v_1}, E_{w_j = v_2}$ unverändert. Interessanter sind Multi-Q-Bits, bei denen die entsprechenden Q-Bits **verschränkt** sind. Betrachtet man zum Beispiel das Multi-Q-Bit

$$\mathbf{s} = \frac{1}{2} v_1 \otimes v_1 + \sqrt{\frac{3}{4}} v_2 \otimes v_2 \in S_{\mathcal{H}^{\otimes 2}},$$

so gilt

$$\mathbb{P}_{\mathbf{s},B}(\{v_1 \otimes v_1\}) = \frac{1}{4}, \ \mathbb{P}_{\mathbf{s},B}(\{v_1 \otimes v_2\}) = \mathbb{P}_{\mathbf{s},B}(\{v_2 \otimes v_1\}) = 0, \ \mathbb{P}_{\mathbf{s},B}(\{v_2 \otimes v_2\}) = \frac{3}{4}.$$

Verwendet man nun die Partition

$$E_1 = \{v_1 \otimes v_1, v_1 \otimes v_2\} \quad \text{(erstes Q-Bit gleich } v_1)$$
$$E_2 = \{v_2 \otimes v_1, v_2 \otimes v_2\} \quad \text{(erstes Q-Bit gleich } v_2),$$

der Orthonormalbasis $B = \{v_1 \otimes v_1, v_1 \otimes v_2, v_2 \otimes v_1, v_2 \otimes v_2\}$, so wird $\mathbf{s}$ bei einer Messung folgendermaßen verändert:

$$\mathbf{s} \longrightarrow v_1 \otimes v_1, \quad \text{falls } E_1 \text{ das Ergebnis der Messung darstellt,}$$
$$\mathbf{s} \longrightarrow v_2 \otimes v_2, \quad \text{falls } E_2 \text{ das Ergebnis der Messung darstellt.}$$

Ergibt also die Messung des ersten Q-Bits in $\mathbf{s}$ gleich v_1, so wird durch diese Messung das zweite Q-Bit ebenfalls gleich v_1 und analog für v_2. Die beiden Q-Bits in $\mathbf{s}$ sind also verschränkt.

Nun sendet man das erste Q-Bit von $\mathbf{s}$ an eine Person A und das zweite Q-Bit von $\mathbf{s}$ an eine Person B. Führt nun die Person A eine Messung seines Q-Bits bezüglich $\{v_1, v_2\}$ durch, so geht das Q-Bit entweder in v_1 oder in v_2 über. Da die beiden Q-Bits in $\mathbf{s}$ entsprechend verschränkt sind, geht durch die Messung des ersten Q-Bits von $\mathbf{s}$ bei Person A auch das zweite Q-Bit von $\mathbf{s}$, das sich bei Person B befindet, in den entsprechenden Zustand über. Dieses Phänomen bildet die Basis der **Teleportation** von Q-Bits (siehe [NieChu00]).

Nun betrachten wir Quanten-Algorithmen; für diese ist als letzter Schritt stets eine Messung vorgesehen. Gehen wir davon aus, dass Multi-Q-Bits bestehend aus N Q-Bits durch den Quanten-Algorithmus manipuliert werden sollen, so bildet der Raum $\mathcal{H}^{\otimes N}$ mit der Sphäre $S_{\mathcal{H}^{\otimes N}}$ und der Orthonormalbasis $\mathfrak{B}_N$ die Grundlage. Ein entsprechender Quanten-Algorithmus – formuliert bezüglich der Orthonormalbasis $\mathfrak{B}_N$ – besteht dann aus

(1) der Wahl eines Basiselements, also eines Einheitsvektors $\mathbf{e} \in \mathbb{R}^{2^N}$,
(2) der sequentiellen Anwendung endlich vieler Gates $G_1, \ldots, G_p$, also der Berechnung der Matrix-Multiplikationen

$$\mathbf{x} = \mathbf{M}_p \cdot \mathbf{M}_{p-1} \cdot \ldots \cdot \mathbf{M}_1 \mathbf{e},$$

wobei die unitäre Matrix $\mathbf{M}_j$ das Gate G_j, $j = 1, \ldots, p$, in der Basis $\mathfrak{B}_N$ repräsentiert,
(3) einer Messung von $\mathbf{x}$ bezüglich einer Partition von $\{\mathbf{e}_1, \ldots, \mathbf{e}_{2^N}\}$.

Betrachten wir nun ein Beispiel für einen Quanten-Algorithmus; dazu gehen wir von einer Funktion

$$h : \{0, 1\}^n \to \{0, 1\}, \quad n \in \mathbb{N},$$

aus, von der wir wissen, dass sie entweder konstant ist (also stets den gleichen Funktionswert liefert) oder dass sie ausgeglichen ist (also für 2^{n-1} Argumente den Funktionswert 0 und für 2^{n-1} Argumente den Funktionswert 1 liefert). Gesucht ist ein Algorithmus, der entscheidet, welche der beiden möglichen Eigenschaften h hat. Auf einer von Neumann-Architektur würde man einfach die Punkte des Definitionsbereichs einsetzen; sobald man zwei verschiedene Funktionswerte hat, ist die Frage entschieden; ansonsten ist die Frage entschieden, wenn man $(2^{n-1} + 1)$ gleiche Funktionswerte erhalten hat. Man benötigt also mindestens zwei und höchstens $(2^{n-1} + 1)$ Auswertungen der Funktion h. Nun untersuchen wir einen entsprechenden Quanten-Algorithmus zur Beantwortung dieser Fragestellung (der Algorithmus von DEUTSCH/JOSZA, siehe [StSch09]). Offensichtlich ist $N = n + 1$ und wir benötigen das zu h gehörige Gate G_h gegeben durch eine unitäre Matrix

$$\mathbf{U}_h \in \{0, 1\}^{2^N, 2^N},$$

das Hadamard-Gate $\mathbf{H}_N$ und die Partition

$$E_1 = \{\mathbf{e}_{2^n+1}\} \quad \text{und} \quad E_2 = \{\mathbf{e}_1, \dots, \mathbf{e}_{2^N}\} \setminus E_1.$$

Der entsprechende Quanten-Algorithmus lautet dann:

(1)   Wähle $\mathbf{e}_{2^n+1}$.
(2.1) Berechne

$$\mathbf{x}_1 = \mathbf{H}_N \cdot \mathbf{e}_{2^n+1}.$$

(2.2) Berechne

$$\mathbf{x}_2 = \mathbf{U}_h \cdot \mathbf{x}_1.$$

(2.3) Berechne

$$\mathbf{x}_3 = \mathbf{H}_N \cdot \mathbf{x}_2.$$

(3)   Führe eine Messung von $\mathbf{x}_3$ bezüglich der Partition

$$E_1 = \{\mathbf{e}_{2^n+1}\} \quad \text{und} \quad E_2 = \{\mathbf{e}_1, \dots, \mathbf{e}_{2^N}\} \setminus E_1$$

durch.

Aufgrund der Definition der Hadamard-Gates gilt

$$\mathbf{x}_1 = \frac{1}{\sqrt{2^{n+1}}} \begin{pmatrix} 1 \\ \vdots \\ 1 \\ -1 \\ \vdots \\ -1 \end{pmatrix}$$

mit 2^n positiven und 2^n negativen Einträgen. Wahrscheinlichkeitstheoretisch entspricht dies einem Multi-Q-Bit mit maximaler Entropie gleich N. Für $\mathbf{x}_2$ und $\mathbf{x}_3$ sind nun drei Fälle zu unterscheiden:

1. Fall: Die Funktion h ist konstant mit Funktionswert gleich Null.
   In diesem Fall ist $\mathbf{x}_1 = \mathbf{x}_2$ und somit ist die $(2^n + 1)$-te Komponente von $\mathbf{x}_3$ gleich 1.
2. Fall: Die Funktion h ist konstant mit Funktionswert gleich Eins.
   In diesem Fall ist $\mathbf{x}_2 = -\mathbf{x}_1$ und somit ist die $(2^n + 1)$-te Komponente von $\mathbf{x}_3$ gleich -1.
3. Fall: Die Funktion h ist ausgeglichen.
   In diesem Fall ist die Hälfte der ersten 2^n Komponenten von $\mathbf{x}_2$ gleich $\frac{1}{\sqrt{2^{n+1}}}$ und die Hälfte der ersten 2^n Komponenten von $\mathbf{x}_2$ gleich $-\frac{1}{\sqrt{2^{n+1}}}$. Ferner ist die Hälfte der zweiten 2^n Komponenten von $\mathbf{x}_2$ gleich $\frac{1}{\sqrt{2^{n+1}}}$ und die Hälfte der zweiten 2^n Komponenten von $\mathbf{x}_2$ gleich $-\frac{1}{\sqrt{2^{n+1}}}$. Somit ist die $(2^n + 1)$-te Komponente von $\mathbf{x}_3$ gleich 0.

Ergibt nun die Messung des Multi-Q-Bits $\mathbf{x}_3$ das Ergebnis E_1, so ist die Funktion h konstant (mit Wahrscheinlichkeit 1); ergibt die Messung des Multi-Q-Bits $\mathbf{x}_3$ das Ergebnis E_2, so ist die Funktion h mit Wahrscheinlichkeit 1 ausgeglichen. Für die Entscheidung ist also nur eine Funktionsauswertung auf einem Quanten-Computer nötig.

Wendet man einen Einheitsvektor auf ein Hadamard-Gate an, so erhält man stets eine Gleichverteilung, also ein Multi-Q-Bit mit maximaler Entropie. Der obige Algorithmus funktioniert deshalb, weil man eine spezielle Gleichverteilung (durch die Wahl des Einheitsvektors $\mathbf{e}_{2^n+1}$) wählt; somit ist also nicht nur die Verteilung wichtig, sondern auch ihre Darstellung. Es ist daher nicht ohne weiteres möglich, einen Quanten-Algorithmus effizient durch stochastische Algorithmen auf eine von Neumann-Architektur abzubilden.

6.4 Kopieren

Hat man ein klassisches Bit $b \in \{0, 1\}$ gegeben, so kann man dieses Bit kopieren. Dazu betrachtet man zum Beispiel eine Funktion

$$f : \{0, 1\}^2 \to \{0, 1\}^2, \quad (b_1, b_2) \mapsto (b_1, b_1 \oplus b_2)$$

(zur Erinnerung: $0 \oplus 1 = 1 \oplus 0 = 1, 0 \oplus 0 = 1 \oplus 1 = 0$). Es gilt:

$$f(b, 0) = (b, b) \quad \text{für alle } b \in \{0, 1\}.$$

Nun suchen wir nach einem Gate

$$F : S_{\mathcal{H}^{\otimes 2}} \to S_{\mathcal{H}^{\otimes 2}}$$

derart, dass ein $\hat{w} \in S_{\mathcal{H}}$ existiert mit

$$F(\psi \otimes \hat{w}) = \psi \otimes \psi \quad \text{für alle} \quad \psi \in S_{\mathcal{H}}.$$

Das Q-Bit $\hat{w}$ entspricht einem leeren „Papier", auf das ψ kopiert werden soll. Wählen wir nun eine Orthonormalbasis $\{v_1, v_2\}$ von $\mathcal{H}$, eine Orthonormalbasis

$$\{v_1 \otimes v_1, v_2 \otimes v_1, v_1 \otimes v_2, v_2 \otimes v_2\}$$

von $\mathcal{H}^{\otimes 2}$ sowie

$$\begin{aligned}
\psi_1 &= \hat{\lambda}_1 v_1 + \hat{\lambda}_2 v_2, & |\hat{\lambda}_1|^2 + |\hat{\lambda}_2|^2 &= 1 \\
\psi_2 &= \hat{\mu}_1 v_1 + \hat{\mu}_2 v_2, & |\hat{\mu}_1|^2 + |\hat{\mu}_2|^2 &= 1 \\
\hat{w} &= \hat{\sigma}_1 v_1 + \hat{\sigma}_2 v_2, & |\hat{\sigma}_1|^2 + |\hat{\sigma}_2|^2 &= 1,
\end{aligned}$$

so folgt aus

$$F(\psi_1 \otimes \hat{w}) = \psi_1 \otimes \psi_1$$
$$F(\psi_2 \otimes \hat{w}) = \psi_2 \otimes \psi_2$$

die Existenz einer unitären Matrix $\mathbf{M} \in \mathbb{C}^{4,4}$ mit

$$\mathbf{M} \begin{pmatrix} \hat{\lambda}_1 \hat{\sigma}_1 \\ \hat{\lambda}_2 \hat{\sigma}_1 \\ \hat{\lambda}_1 \hat{\sigma}_2 \\ \hat{\lambda}_2 \hat{\sigma}_2 \end{pmatrix} = \begin{pmatrix} \hat{\lambda}_1 \hat{\lambda}_1 \\ \hat{\lambda}_2 \hat{\lambda}_1 \\ \hat{\lambda}_1 \hat{\lambda}_2 \\ \hat{\lambda}_2 \hat{\lambda}_2 \end{pmatrix}$$

$$\mathbf{M} \begin{pmatrix} \hat{\mu}_1 \hat{\sigma}_1 \\ \hat{\mu}_2 \hat{\sigma}_1 \\ \hat{\mu}_1 \hat{\sigma}_2 \\ \hat{\mu}_2 \hat{\sigma}_2 \end{pmatrix} = \begin{pmatrix} \hat{\mu}_1 \hat{\mu}_1 \\ \hat{\mu}_2 \hat{\mu}_1 \\ \hat{\mu}_1 \hat{\mu}_2 \\ \hat{\mu}_2 \hat{\mu}_2 \end{pmatrix}.$$

Bildet man nun das Skalarprodukt der beiden Vektoren links vom Gleichheitszeichen und das Skalarprodukt der beiden Vektoren rechts vom Gleichheitszeichen, so erhält man

$$\left\langle \mathbf{M}\begin{pmatrix}\hat{\lambda}_1\hat{\sigma}_1\\\hat{\lambda}_2\hat{\sigma}_1\\\hat{\lambda}_1\hat{\sigma}_2\\\hat{\lambda}_2\hat{\sigma}_2\end{pmatrix}, \mathbf{M}\begin{pmatrix}\hat{\mu}_1\hat{\sigma}_1\\\hat{\mu}_2\hat{\sigma}_1\\\hat{\mu}_1\hat{\sigma}_2\\\hat{\mu}_2\hat{\sigma}_2\end{pmatrix}\right\rangle_{\mathcal{H}^{\otimes 2}} = \left\langle \begin{pmatrix}\hat{\lambda}_1\hat{\sigma}_1\\\hat{\lambda}_2\hat{\sigma}_1\\\hat{\lambda}_1\hat{\sigma}_2\\\hat{\lambda}_2\hat{\sigma}_2\end{pmatrix}, \begin{pmatrix}\hat{\mu}_1\hat{\sigma}_1\\\hat{\mu}_2\hat{\sigma}_1\\\hat{\mu}_1\hat{\sigma}_2\\\hat{\mu}_2\hat{\sigma}_2\end{pmatrix}\right\rangle_{\mathcal{H}^{\otimes 2}} =$$

$$= \sum_{i=1}^{2}\sum_{j=1}^{2}\overline{\hat{\lambda}_i\hat{\sigma}_j}\hat{\mu}_i\hat{\sigma}_j = \sum_{i=1}^{2}\sum_{j=1}^{2}\overline{\hat{\lambda}_i}\hat{\mu}_i|\hat{\sigma}_j|^2 = \sum_{i=1}^{2}\overline{\hat{\lambda}_i}\hat{\mu}_i =$$

$$= \langle\psi_1,\psi_2\rangle_{\mathcal{H}}$$

und

$$\left\langle \begin{pmatrix}\hat{\lambda}_1\hat{\lambda}_1\\\hat{\lambda}_2\hat{\lambda}_1\\\hat{\lambda}_1\hat{\lambda}_2\\\hat{\lambda}_2\hat{\lambda}_2\end{pmatrix}, \begin{pmatrix}\hat{\mu}_1\hat{\mu}_1\\\hat{\mu}_2\hat{\mu}_1\\\hat{\mu}_1\hat{\mu}_2\\\hat{\mu}_2\hat{\mu}_2\end{pmatrix}\right\rangle_{\mathcal{H}^{\otimes 2}} = \sum_{i=1}^{2}\sum_{j=1}^{2}\overline{\hat{\lambda}_i\hat{\lambda}_j}\hat{\mu}_i\hat{\mu}_j = \left(\overline{\hat{\lambda}_1}\hat{\mu}_1 + \overline{\hat{\lambda}_2}\hat{\mu}_2\right)^2 =$$

$$= \langle\psi_1,\psi_2\rangle_{\mathcal{H}}^2.$$

Somit erhalten wir die Forderung an ψ_1, ψ_2:

$$\langle\psi_1,\psi_2\rangle_{\mathcal{H}} = \langle\psi_1,\psi_2\rangle_{\mathcal{H}}^2, \quad \text{also} \quad \langle\psi_1,\psi_2\rangle_{\mathcal{H}} = 0 \text{ oder } \langle\psi_1,\psi_2\rangle_{\mathcal{H}} = 1.$$

Das Kopieren eines Q-Bits in der oben beschriebenen Form ist also nicht möglich, da

$$F(\psi_1 \otimes \hat{w}) = \psi_1 \otimes \psi_1$$
$$F(\psi_2 \otimes \hat{w}) = \psi_2 \otimes \psi_2$$

für alle $\psi_1, \psi_2 \in S_{\mathcal{H}}$ möglich sein müsste.

Teil III
Allgemeine Systeme

Die Entropie von Partitionen $\quad$ 7

7.1 Überabzählbare Ergebnisse

Betrachtet man einen diskreten Wahrscheinlichkeitsraum $(\Omega, \mathcal{P}(\Omega), \mathbb{P})$, so wurden für das Wahrscheinlichkeitsmaß $\mathbb{P}$ die folgenden Eigenschaften gefordert:

(P1) $\mathbb{P}: \mathcal{P}(\Omega) \to [0,1]$, wobei $\mathcal{P}(\Omega)$ die Potenzmenge von Ω bezeichnet.

(P2) $\mathbb{P}(\emptyset) = 0, \mathbb{P}(\Omega) = 1$.

(P3) Für jede Folge $\{A_i\}_{i \in \mathbb{N}}$ paarweise disjunkter Mengen mit $A_i \in \mathcal{P}(\Omega), i \in \mathbb{N}$, gilt:

$$\mathbb{P}\left(\bigcup_{i=1}^{\infty} A_i\right) = \sum_{i=1}^{\infty} \mathbb{P}(A_i).$$

Eine nichtleere Menge Ω heißt **überabzählbar**, falls es keine surjektive Abbildung $\mathbb{N} \to \Omega$ gibt (in Zeichen: $|\Omega| > |\mathbb{N}|$). Es wäre nun naheliegend, für ein Wahrscheinlichkeitsmaß $\mathbb{P}$ die Eigenschaften (P1)–(P3) auch dann zu fordern, wenn es überabzählbar viele Ergebnisse in Ω gibt. Leider zeigt sich aber, dass es für überabzählbare Ω keine für die Praxis brauchbaren Abbildungen $\mathbb{P}$ dieser Art gibt (siehe dazu etwa [Wagon85]); die Überabzählbarkeit von Ω schränkt die Möglichkeiten, ein $\mathbb{P}$ mit den Eigenschaften (P1)–(P3) finden zu können, extrem ein. Da man einerseits auf Wahrscheinlichkeitsräume mit überabzählbarer Ergebnismenge nicht verzichten kann, andererseits die durch (P1)–(P3) angegebenen Eigenschaften prinzipiell unverzichtbar sind, ist man im Rahmen der Maßtheorie dazu übergegangen, die Definitionsmenge von $\mathbb{P}$ (im Folgenden mit $\mathcal{D}$ ($\subseteq \mathcal{P}(\Omega)$) bezeichnet) einzuschränken (also nicht mehr die Potenzmenge von Ω zu fordern), um somit die Möglichkeiten für die Wahl von $\mathbb{P}$ zu erweitern; ansonsten sollen die Eigenschaften (P1)–(P3) aber für $\mathcal{D}$ anstelle von $\mathcal{P}(\Omega)$ gelten. Daraus folgt natürlich sofort, dass $\mathcal{D}$ eine gewisse Minimalstruktur vorweisen muss:

© Springer-Verlag Berlin Heidelberg 2015
S. Schäffler, *Mathematik der Information*, Springer-Lehrbuch Masterclass,
DOI 10.1007/978-3-662-46382-6_7

(i) $\Omega, \emptyset \in \mathcal{D}$ wegen (P2).

(ii) Für jede Folge $\{A_i\}_{i\in\mathbb{N}}$ paarweise disjunkter Mengen mit $A_i \in \mathcal{D}, i \in \mathbb{N}$, gilt:

$$\bigcup_{i=1}^{\infty} A_i \in \mathcal{D} \quad \text{wegen (P3).}$$

Da man einerseits darauf angewiesen ist, möglichst viele Teilmengen von Ω in $\mathcal{D}$ wiederzufinden, da man ja nur diesen Mengen eine Wahrscheinlichkeit zuordnen kann, und da man andererseits $\mathcal{D}$ nicht zu umfangreich wählen sollte, da sonst die Existenz praktisch relevanter Wahrscheinlichkeitsmaße gefährdet ist, wünscht man sich für $\mathcal{D}$ neben (i) und (ii) noch ein wichtiges Strukturmerkmal: Wählt man eine (unstrukturierte) Menge $\mathcal{M} \subset \mathcal{P}(\Omega)$ (Teilmengen von Ω, denen man unbedingt eine Wahrscheinlichkeit zuordnen will), so soll es eine **kleinste** Menge $\mathcal{D} \subseteq \mathcal{P}(\Omega)$ geben, die (i) und (ii) erfüllt und für die $\mathcal{M} \subseteq \mathcal{D}$ gilt; mit anderen Worten: Sind $\mathcal{D}_1 \subseteq \mathcal{P}(\Omega)$ und $\mathcal{D}_2 \subseteq \mathcal{P}(\Omega)$ zwei Mengen, die (i) und (ii) erfüllen, so soll auch $\mathcal{D}_1 \cap \mathcal{D}_2$ diese beiden Eigenschaften erfüllen, denn dann gäbe es die kleinste Menge

$$\mathcal{D}(\mathcal{M}) := \bigcap_{\mathcal{D}\in\mathbf{D}} \mathcal{D},$$

die (i) und (ii) erfüllt und die die Menge $\mathcal{M}$ enthält, wobei

$$\mathbf{D} = \{\mathcal{G} \subseteq \mathcal{P}(\Omega); \ \mathcal{M} \subseteq \mathcal{G} \text{ und } \mathcal{G} \text{ erfüllt (i) und (ii)}\}.$$

Diese Forderungen führen auf die Strukturmerkmale einer σ-Algebra über Ω.

Definition 7.1 (σ-Algebra) Sei Ω eine nichtleere Menge. Eine Menge $S \subseteq \mathcal{P}(\Omega)$ heißt σ-**Algebra** über Ω, falls die folgenden Axiome erfüllt sind:

(S1) $\Omega \in S$.

(S2) Aus $A \in S$ folgt $A^c := \{\omega \in \Omega; \ \omega \notin A\} \in S$.

(S3) Aus $A_i \in S, i \in \mathbb{N}$, folgt $\bigcup_{i=1}^{\infty} A_i \in S$.   ◁

Der große Vorteil in den Strukturmerkmalen einer σ-Algebra über Ω liegt nun nicht nur in der Verträglichkeit mit den Forderungen an die Abbildung $\mathbb{P}$ (also Eigenschaften (i) und (ii)), sondern in der Tatsache, dass der Schnitt zweier σ-Algebren über Ω wieder eine σ-Algebra über Ω ist. Hat man nun eine Wunschliste $\mathcal{M}$ von Teilmengen von Ω, denen man auf alle Fälle eine Wahrscheinlichkeit zuordnen will, so ist mit

$$\sigma(\mathcal{M}) := \bigcap_{\mathcal{F}\in\Sigma} \mathcal{F}$$

die kleinste σ-Algebra über Ω gegeben, die $\mathcal{M}$ enthält, wobei Σ die Menge aller σ-Algebren über Ω darstellt, die $\mathcal{M}$ enthalten.

Zusammenfassend ist ein Wahrscheinlichkeitsraum gegeben durch die Ergebnismenge Ω, eine σ-Algebra S über Ω und ein Wahrscheinlichkeitsmaß $\mathbb{P}$, also eine Abbildung $\mathbb{P}$ definiert auf S, die die Bedingungen

(P1') $\mathbb{P} : S \to [0, 1]$

(P2) $\mathbb{P}(\emptyset) = 0, \mathbb{P}(\Omega) = 1$

(P3') Für jede Folge $\{A_i\}_{i \in \mathbb{N}}$ paarweise disjunkter Mengen mit $A_i \in S, i \in \mathbb{N}$, gilt:

$$\mathbb{P} \left(\bigcup_{i=1}^{\infty} A_i \right) = \sum_{i=1}^{\infty} \mathbb{P}(A_i)$$

erfüllt. Für den Fall $\Omega = \mathbb{R}^n, n \in \mathbb{N}$, hat sich die Wahl

$$\mathcal{M} = \{A \subseteq \mathbb{R}^n; \ A \ \text{offen}\}$$

bewährt. Die σ-Algebra

$$\mathcal{B}^n := \sigma(\mathcal{M})$$

wird Borelsche σ-Algebra über $\mathbb{R}^n$ genannt. Obwohl

$$\mathcal{B}^n \neq \mathcal{P}(\mathbb{R}^n),$$

sind in $\mathcal{B}^n$ alle relevanten Teilmengen des $\mathbb{R}^n$ (auch die abgeschlossenen und kompakten Teilmengen) enthalten. Ferner gibt es für alle praktisch relevanten Fragestellungen geeignete Wahrscheinlichkeitsmaße definiert auf $\mathcal{B}^n$. Ist Ω abzählbar, kann – wie bisher – stets $S = \mathcal{P}(\Omega)$ gewählt werden (offensichtlich ist $\mathcal{P}(\Omega)$ immer eine σ-Algebra über Ω). Ein Tupel (Ω, S) bestehend aus einer nichtleeren Ergebnismenge Ω und einer σ-Algebra S über Ω wird als **Messraum** bezeichnet. Die Elemente der σ-Algebra S heißen **Ereignisse**.

Im Allgemeinen muss für jede überabzählbare Ergebnismenge Ω eine „passende" σ-Algebra S gewählt werden. Im Kapitel über stationäre Informationsquellen werden wir diesen Vorgang im Detail für die Menge

$$\Omega = A^{\mathbb{Z}} := \{f : \mathbb{Z} \to A\}$$

durchführen, wobei A eine nichtleere Menge mit endlich vielen Elementen (der sogenannte „Zeichenvorrat") darstellt. Im Gegensatz zu diskreten Wahrscheinlichkeitsräumen können wir bei σ-Algebren über überabzählbare Mengen Ω nicht mehr davon ausgehen, dass die Elementarereignisse Elemente der σ-Algebren sind. Ist dies doch der Fall, so kann ein Wahrscheinlichkeitsmaß

$$\mathbb{P} : S \to [0, 1]$$

nicht mehr durch die Angabe der Wahrscheinlichkeiten für die Elementarereignisse festgelegt werden, da dies die Summation von überabzählbar vielen Summanden erfordern würde. Damit ist aber auch der Entropie-Begriff nicht direkt aus der Theorie diskreter Wahrscheinlichkeitsräume übernehmbar, sondern muss im folgenden Abschnitt angepasst werden.

7.2 Entropie

Bei einem diskreten Wahrscheinlichkeitsraum $(\Omega, \mathcal{P}(\Omega), \mathbb{P})$ war die Entropie gegeben durch

$$\mathbb{S}_\mathbb{P} = - \sum_{\omega \in \Omega} \mathbb{P}(\{\omega\}) \operatorname{ld}(\mathbb{P}(\{\omega\})).$$

Die in der Berechnung der Entropie berücksichtigten Ereignisse $\{\omega\}$, $\omega \in \Omega$, erfüllen somit die folgenden Eigenschaften:

(i)   Alle Ereignisse sind nicht leer.
(ii) Der Schnitt zweier verschiedener Ereignisse ist stets die leere Menge.
(iii) Die Vereinigung aller Ereignisse ergibt die Ergebnismenge Ω.

Sei nun $I \subseteq \mathbb{N}$ und $\{E_i \subseteq \Omega;\ i \in I\}$ eine Menge von Ereignissen, für die (i)–(iii) gilt (also eine **Partition** von Ω), so erhalten wir:

$$\mathbb{S}_\mathbb{P} = - \sum_{\omega \in \Omega} \mathbb{P}(\{\omega\}) \operatorname{ld}(\mathbb{P}(\{\omega\})) = - \sum_{i \in I} \sum_{\omega \in E_i} \mathbb{P}(\{\omega\}) \operatorname{ld}(\mathbb{P}(\{\omega\})) \geq$$

$$\geq - \sum_{i \in I} \sum_{\omega \in E_i} \mathbb{P}(\{\omega\}) \operatorname{ld}(\mathbb{P}(E_i)) = - \sum_{i \in I} \operatorname{ld}(\mathbb{P}(E_i)) \sum_{\omega \in E_i} \mathbb{P}(\{\omega\}) =$$

$$= - \sum_{i \in I} \mathbb{P}(E_i) \operatorname{ld}(\mathbb{P}(E_i)).$$

Somit haben wir bei der Definition der Entropie unter allen möglichen Partitionen von Ω diejenige gewählt, die die mittlere Informationsmenge maximiert. Diesen Weg setzen wir nun bei der Definition der Entropie für allgemeine Wahrscheinlichkeitsräume (also auch mit überabzählbar vielen Ergebnissen) fort.

Definition 7.2 (Partition aus Ereignissen) Seien $(\Omega, S, \mathbb{P})$ ein Wahrscheinlichkeitsraum und I eine nichtleere Menge mit $|I| \leq |\mathbb{N}|$ (also I mit endlich vielen oder höchstens abzählbar unendlich vielen Elementen), dann heißt eine Menge

$$P_S = \{E_i \in S; i \in I\}$$

eine **Partition von** Ω **aus Ereignissen**, falls gilt:

(i) $E_i \neq \emptyset$ für alle $i \in I$,
(ii) $E_i \cap E_j = \emptyset$ für alle $i, j \in I, i \neq j$,
(iii) $\bigcup_{i \in I} E_i = \Omega$.   ◁

Die folgende Definition ist nun naheliegend.

Definition 7.3 ((Shannon-)Entropie) Seien $(\Omega, S, \mathbb{P})$ ein Wahrscheinlichkeitsraum und Π_S die Menge aller Partitionen von Ω aus Ereignissen, dann wird die Größe

$$\mathbb{S}_{\mathbb{P}} := \sup_{P_S \in \Pi_S} \left\{ - \sum_{E \in P_S} \mathbb{P}(E) \, \mathrm{ld}(\mathbb{P}(E)) \right\}$$

als **Entropie** oder **Shannon-Entropie** von $(\Omega, S, \mathbb{P})$ bezeichnet.   ◁

Offensichtlich gilt

$$0 \leq \mathbb{S}_{\mathbb{P}} \leq \infty.$$

In der Wahrscheinlichkeitstheorie betrachtet man, basierend auf einem Wahrscheinlichkeitsraum $(\Omega, S, \mathbb{P})$ und einem Messraum (Ω', S'), **Zufallsvariable**

$$\mathbf{X} : \Omega \to \Omega',$$

also Abbildungen derart, dass gilt:

$$\mathbf{X}^{-1}(A') \in S \quad \text{für alle} \quad A' \in S'.$$

Diese Eigenschaft wird als **S-S'-Messbarkeit** von $\mathbf{X}$ bezeichnet. In der Maßtheorie gibt es verschiedene Kriterien, um die Messbarkeit einer Abbildung nachzuweisen (siehe etwa [Bau92]). Wir werden im Folgenden auf diese konkreten Nachweise häufig verzichten, da sie den wesentlichen Gedankengang unnötig unterbrechen. Bei jeder im Folgenden als messbar deklarierten Abbildung sollte aber klar sein, dass dies zu beweisen wäre.

Eine Zufallsvariable dient dazu, gewisse Teilaspekte eines Zufallsexperiments gegeben durch $(\Omega, S, \mathbb{P})$ hervorzuheben und unwichtige Teilaspekte auszublenden.

Beispiel 7.4 Ein Zufallsgenerator erzeugt eine reelle Zahl im Intervall $[0, 1]$. Da $\Omega = [0, 1]$ überabzählbar ist, wählen wir die σ-Algebra

$$S = \{[0, 1] \cap A; \; A \in \mathcal{B}\}$$

über $[0, 1]$, wobei $\mathcal{B}$ die Borelsche σ-Algebra über $\mathbb{R}$ darstellt. Aus der Maßtheorie ist bekannt, dass ein Wahrscheinlichkeitsmaß $\mathbb{P}$ auf S durch Vorgabe der Wahrscheinlichkeiten

$$\mathbb{P}((a, b]) := b - a, \quad 0 \le a < b \le 1$$

festgelegt ist. Aus den Eigenschaften (P1'), (P2) und (P3') folgt:

$$\mathbb{P}([a, b]) = b - a, \quad 0 \le a \le b \le 1$$

und damit

$$\mathbb{P}(\{x\}) = 0 \quad \text{für alle} \quad x \in [0, 1].$$

Für jedes $N \in \mathbb{N}$ ist

$$\{0\}, \left(0, \frac{1}{2^N}\right], \left(\frac{1}{2^N}, \frac{2}{2^N}\right], \dots, \left(\frac{2^N - 1}{2^N}, 1\right]$$

eine Partition von $[0, 1]$ aus Ereignissen und es gilt

$$\mathbb{S}_{\mathbb{P}} \ge -\mathbb{P}(\{0\}) \operatorname{ld}(\mathbb{P}(\{0\})) - \sum_{i=1}^{2^N} \mathbb{P}\left(\left(\frac{i-1}{2^N}, \frac{i}{2^N}\right]\right) \operatorname{ld}\left(\mathbb{P}\left(\left(\frac{i-1}{2^N}, \frac{i}{2^N}\right]\right)\right) = N.$$

Somit gilt

$$\mathbb{S}_{\mathbb{P}} = \infty.$$

Nun betrachten wir die Abbildung

$$\mathbf{X} : [0, 1] \to \{1, 2, \dots, 10\}, \quad x \mapsto \max_{k \in \{1,2,\dots,10\}} \left\{k; \; \frac{1}{k} \ge x\right\}.$$

Da

$$\mathbf{X}^{-1}(\{k\}) = \begin{cases} \left(\frac{1}{k+1}, \frac{1}{k}\right] & \text{falls } 1 \le k \le 9 \\ [0, \frac{1}{10}] & \text{falls } k = 10 \end{cases},$$

ist $\mathbf{X}$ eine Zufallsvariable und es gilt:

$$\mathbb{S}_{\mathbb{P}_\mathbf{X}} = -\frac{1}{10} \operatorname{ld}\left(\frac{1}{10}\right) - \sum_{k=1}^{9} \left(\frac{1}{k} - \frac{1}{k+1}\right) \operatorname{ld}\left(\frac{1}{k} - \frac{1}{k+1}\right) \approx 2.33 \text{ bit.}$$

Die Zufallsvariable $\mathbf{X}$ hebt somit den Aspekt „Die Zufallszahl liegt in einem der Intervalle $\left(0, \frac{1}{10}\right], \left(\frac{1}{10}, \frac{1}{9}\right], \ldots, \left(\frac{1}{2}, 1\right]$" hervor und blendet alles andere aus. Intuitiv erwartet man, dass beim Übergang von $([0, 1], S, \mathbb{P})$ zu $(\{1, 2, \ldots, 10\}, \mathcal{P}(\{1, 2, \ldots, 10\}), \mathbb{P}_{\mathbf{X}})$ keine zusätzliche Information gewonnen wird, sondern eher Information verloren geht, was die Rechnung auch bestätigt. ◁

Das in obigem Beispiel beobachtete Phänomen gilt allgemein.

Theorem 7.5 (Entropie und Zufallsvariable) *Seien* $(\Omega, S, \mathbb{P})$ *ein Wahrscheinlichkeitsraum,* (Ω', S') *ein Messraum,*

$$\mathbf{X} : \Omega \to \Omega'$$

eine Zufallsvariable und

$$\mathbb{P}_{\mathbf{X}} : S' \to [0, 1], \quad A' \mapsto \mathbb{P}(\{\omega \in \Omega; \mathbf{X}(\omega) \in A'\})$$

das **Bildmaß** *von* $\mathbf{X}$, *das auch als* **Verteilung** *von* $\mathbf{X}$ *bezeichnet wird, so gilt:*

$$\mathbb{S}_{\mathbb{P}} \geq \mathbb{S}_{\mathbb{P}_{\mathbf{X}}}.$$ ◁

Beweis Sei P' eine Partition von Ω' aus Ereignissen, so gilt:

$$-\sum_{E' \in P'} \mathbb{P}_{\mathbf{X}}(E') \operatorname{ld}(\mathbb{P}_{\mathbf{X}}(E')) = -\sum_{E \in \{\mathbf{X}^{-1}(E'); \, E' \in P'\}} \mathbb{P}(E) \operatorname{ld}(\mathbb{P}(E)).$$

Da $\{\mathbf{X}^{-1}(E'); \, E' \in P'\}$ eine Partition von Ω aus Ereignissen ist, folgt

$$\mathbb{S}_{\mathbb{P}} \geq \mathbb{S}_{\mathbb{P}_{\mathbf{X}}}.$$ **q.e.d.**

Theorem 7.5 ist eine Verallgemeinerung von Satz und Definition 3.5.

In der stochastischen Kontrolltheorie hat man im Allgemeinen einen Wahrscheinlichkeitsraum $(\Omega, S, \mathbb{P})$ mit $|\Omega| > |\mathbb{N}|$ gegeben (dieser Wahrscheinlichkeitsraum repräsentiert die Gesamtinformation über das zu steuernde System; häufig bestehen die möglichen Ergebnisse aus Funktionen (zum Beispiel potentielle Flugbahnen) und dazu Zufallsvariablen

$$\mathbf{X}_t : \Omega \to \mathbb{R}^n, \quad n \in \mathbb{N}, \quad t \in [0, \infty),$$

die die Beobachtung des Systems zum Zeitpunkt t repräsentieren. Sei nun

$$S_t := \bigcap_{\mathcal{F} \subseteq S} \mathcal{F},$$

wobei jedes $\mathcal{F}$ eine σ-Algebra über Ω darstellt derart, dass $\mathbf{X}_t$ $\mathcal{F}$-$\mathcal{B}^n$-messbar ist, so ist S_t die kleinste σ-Algebra über Ω, sodass $\mathbf{X}_t$ S_t-$\mathcal{B}^n$-messbar ist. Da die Entropie $\mathbb{S}_{\mathbb{P}_{\mathbf{X}_t}}$ für jedes $t \in [0,\infty)$ von der σ-Algebra S_t (genauer: von den darin enthaltenen Partitionen von Ω) und dem allen Zufallsvariablen gemeinsamen Wahrscheinlichkeitsmaß $\mathbb{P}$ abhängt, wird S_t auch als Maß für die mittlere Informationsmenge von $(\mathbb{R}^n, \mathcal{B}^n, \mathbb{S}_{\mathbb{P}_{\mathbf{X}_t}})$ herangezogen. Dies ist insbesondere dann sinnvoll, wenn zwar

$$\mathbb{S}_{\mathbb{P}_{\mathbf{X}_t}} = \infty \quad \text{für alle} \quad t \in [0,\infty),$$

man aber dennoch die Wahrscheinlichkeitsräume $(\mathbb{R}^n, \mathcal{B}^n, \mathbb{S}_{\mathbb{P}_{\mathbf{X}_t}})$ für unterschiedliche $t \in [0,\infty)$ informationstheoretisch untereinander vergleichen will. So kann man zum Beispiel

$$S_{t_1} \subseteq S_{t_2}$$

dahingehend interpretieren, dass die Beobachtung des Systems zum Zeitpunkt t_2 zumindest die Informationen bereitstellt, die durch die Beobachtung des Systems zum Zeitpunkt t_1 gewonnen wurden.

7.3 Entropie in dynamischen Systemen

Die wichtigste Anwendung der Shannon-Entropie von Partitionen von Ω aus Ereignissen ist durch die informationstheoretische Analyse dynamischer Systeme gegeben. Da die mathematische Behandlung dynamischer Systeme ein sehr umfangreiches Gebiet ist, werden wir nur die wesentlichen Ideen vorstellen und verweisen für einführende Literatur auf [EinSch14] und [Denker05]; speziell die Verwendung der Entropie zur Untersuchung dynamischer Systeme wird in [Down11] ausführlich behandelt.

Sei Ω eine nichtleere Menge und

$$d : \Omega \times \Omega \to \mathbb{R}_0^+, \quad (x,y) \mapsto d(x,y)$$

eine Abbildung, so wird d als **Metrik** (auf Ω) bezeichnet, falls die folgenden Bedingungen erfüllt sind:

(M1) $d(x,y) = 0 \iff x = y$,
(M2) $d(x,y) = d(y,x)$ für alle $x,y \in \Omega$,
(M3) Dreiecksungleichung:

$$d(x,z) \leq d(x,y) + d(y,z) \quad \text{für alle} \quad x,y,z \in \Omega.$$

Ein **metrischer Raum** (Ω, d) ist ein Paar bestehend aus einer nichtleeren Menge Ω und einer Metrik d auf Ω. Der Wert $d(x,y)$ wird auch als Abstand zwischen x und y bezeichnet. Sei nun $M \subseteq \Omega$. Gibt es zu jedem $x \in M$ ein $\epsilon > 0$ mit

$$\{y \in \Omega; \, d(x,y) < \epsilon\} \subseteq M,$$

so wird M als **offene Menge** (bezüglich d) bezeichnet. Die Mengen Ω und $\emptyset$ sind offene Mengen. Die von allen offenen Mengen erzeugte σ-Algebra $\mathcal{B}$ über Ω heißt **Borelsche σ-Algebra**. Ist I eine nichtleere Indexmenge und sind $M_i, i \in I$, offene Teilmengen von Ω mit

$$\Omega \subseteq \bigcup_{i \in I} M_i,$$

so wird $\{M_i; \ i \in I\}$ eine **offene Überdeckung** von Ω genannt. Die Menge Ω heißt **kompakt**, falls für jede offene Überdeckung von Ω bereits endlich viele Mengen aus dieser offenen Überdeckung ausreichen, um Ω zu überdecken. Ist Ω kompakt, so heißt (Ω, d) **kompakter metrischer Raum**. Sei nun (Ω, d) ein kompakter metrischer Raum und sei ferner

$$T : \Omega \to \Omega$$

eine $\mathcal{B}$-$\mathcal{B}$-messbare Abbildung, so wird das Tripel $(\Omega, \mathcal{B}, T)$ als **dynamisches System** bezeichnet. Wählt man ein $x_1 \in \Omega$, so heißt die Menge

$$\{T^k(x_1); \ k \in \mathbb{N}_0\} = \{x_1, T(x_1), T^2(x_1), \dots\}$$

Orbit oder **Bahn** des dynamischen Systems. Dies impliziert die Vereinbarung

$$T^k = T \circ T^{k-1}, \ k \in \mathbb{N}, \ \text{und} \ T^0 : \Omega \to \Omega, \ x \mapsto x.$$

Untersucht man zum Beispiel das dynamische System

$$([0,1], \mathcal{B}, T)$$

mit

$$T : [0,1] \to [0,1], \quad x \mapsto 4x(1-x) \quad \text{(logistische Transformation)},$$

wobei die Metrik wie bei reellen Zahlen üblich durch

$$d : [0,1] \times [0,1] \to \mathbb{R}, \quad (x, y) \mapsto |x - y|$$

gegeben ist, so kann man zunächst verschiedene Orbits betrachten. Für $x_1 = 1$ erhält man offensichtlich den Orbit

$$\{1, 0, 0, \dots\}.$$

Völlig anders ist die Situation bei $x_1 = 0.9999$, wie Abb. 7.1 zeigt.

Es kann auch passieren, dass ein Orbit in einen alternierenden Zustand übergeht (Abb. 7.2); ferner gibt es auch Orbits, die schließlich konstant werden (Abb. 7.3).

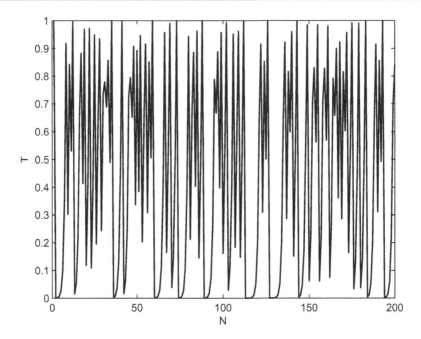

Abb. 7.1 Logistische Transformation, Orbit für $x_1 = 0.9999$

Neben der Analyse einzelner Orbits ist auch eine wahrscheinlichkeitsanalytische Untersuchung eines dynamischen Systems möglich. Dazu ergänzen wir den zugrunde gelegten Messraum $(\Omega, \mathcal{B})$ durch ein Wahrscheinlichkeitsmaß $\mathbb{P}$ definiert auf $\mathcal{B}$ und untersuchen nun die Folge von Bildmaßen

$$\mathbb{P}, \mathbb{P}_T, \mathbb{P}_{T^2}, \ldots$$

Gibt es ein Wahrscheinlichkeitsmaß $\mathbb{P}_*$ derart, dass die obige Folge konstant ist (also $\mathbb{P}_{T^k} = \mathbb{P}_*$ für alle $k \in \mathbb{N}_0$), so wird dieses Wahrscheinlichkeitsmaß als **invariantes Maß** bezeichnet.

Ein weiterer klassischer Zugang zur Analyse dynamischer Systeme nimmt direkt Bezug auf die Shannon-Entropie von Partitionen von Ω aus Ereignissen gemäß Definition 7.2. Ist $P_\mathcal{B}$ eine Partition von Ω aus Ereignissen, so ist für jedes $k \in \mathbb{N}_0$ auch die Menge

$$T^{-k}(P_\mathcal{B}) := \{T^{-k}(A);\ A \in P_\mathcal{B}\} \setminus \{\emptyset\}$$

eine Partition von Ω aus Ereignissen (mit $T^{-k}(A) = A$ für $k = 0$, $A \in \mathcal{B}$). Ferner ist für jedes $N \in \mathbb{N}$ die Menge

$$\bigvee_{k=0}^{N} T^{-k}(P_\mathcal{B}) := \left\{ \bigcap_{k=0}^{N} T^{-k}(A_k);\ A_k \in P_\mathcal{B} \right\} \setminus \{\emptyset\}$$

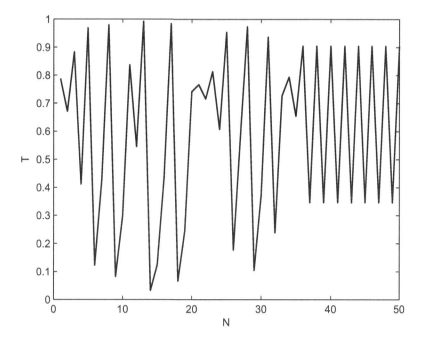

Abb. 7.2 Logistische Transformation, schließlich alternierender Orbit

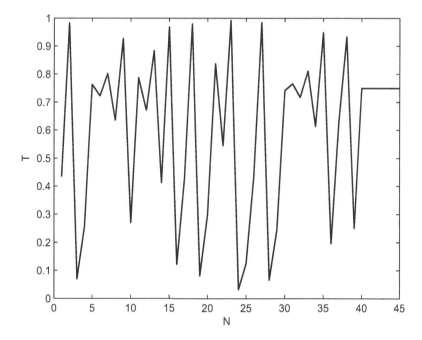

Abb. 7.3 Logistische Transformation, schließlich konstanter Orbit

eine Partition von Ω aus Ereignissen. Wählt man nun Mengen

$$A_0, A_1, \ldots, A_N \in P_{\mathcal{B}},$$

so gibt es genau eine Menge

$$M \in \bigvee_{k=0}^{N} T^{-k}(P_{\mathcal{B}})$$

mit

$$(x \in A_0) \wedge (T(x) \in A_1) \wedge \ldots \wedge \left(T^N(x) \in A_N\right) \quad \Longleftrightarrow \quad x \in M$$

und umgekehrt gibt es zu jeder Menge

$$M_1 \in \bigvee_{k=0}^{N} T^{-k}(P_{\mathcal{B}})$$

genau eine Wahl von Mengen $B_0, B_1, \ldots, B_N \in P_{\mathcal{B}}$ mit

$$x \in M_1 \quad \Longleftrightarrow \quad (x \in B_0) \wedge (T(x) \in B_1) \wedge \ldots \wedge \left(T^N(x) \in B_N\right).$$

Wählen wir zum Beispiel für die logistische Transformation

$$P_{\mathcal{B}} = \left\{ \left[0, \frac{1}{2}\right), \left[\frac{1}{2}, 1\right] \right\},$$

so erhalten wir für $N = 1$:

$$\bigvee_{k=0}^{1} T^{-k}(P_{\mathcal{B}}) = \left\{ \left[0, \frac{1}{2} - \frac{1}{2}\sqrt{1 - \frac{1}{2}}\right), \left[\frac{1}{2} - \frac{1}{2}\sqrt{1 - \frac{1}{2}}, \frac{1}{2}\right) \right.$$
$$\left. \left[\frac{1}{2}, \frac{1}{2} + \frac{1}{2}\sqrt{1 - \frac{1}{2}}\right], \left(\frac{1}{2} + \frac{1}{2}\sqrt{1 - \frac{1}{2}}, 1\right] \right\}.$$

Die Wahl

$$M_1 = \left(\frac{1}{2} + \frac{1}{2}\sqrt{1 - \frac{1}{2}}, 1\right]$$

liefert zum Beispiel:

$$x \in M_1 \quad \Longleftrightarrow \quad \left(x \in \left[\frac{1}{2}, 1\right]\right) \wedge \left(T(x) \in \left[0, \frac{1}{2}\right)\right).$$

Umgekehrt liefert etwa die Wahl

$$A_0 = A_1 = \left[0, \frac{1}{2}\right)$$

die Menge M mit

$$\left(x \in \left[0, \frac{1}{2}\right)\right) \wedge \left(T(x) \in \left[0, \frac{1}{2}\right)\right) \quad \Longleftrightarrow \quad x \in M = \left[0, \frac{1}{2} - \frac{1}{2}\sqrt{1 - \frac{1}{2}}\right).$$

Hat man zu einem gegebenen dynamischen System $(\Omega, \mathcal{B}, T)$ noch ein Wahrscheinlichkeitsmaß $\mathbb{P}$ definiert auf $\mathcal{B}$ gegeben, so kann man zu $N \in \mathbb{N}$ für $P_\mathcal{B}$ die Entropie pro Orbitlänge

$$\mathbb{S}_{\mathbb{P}, P_\mathcal{B}, N} := -\frac{\displaystyle\sum_{A \in \bigvee_{k=0}^{N-1} T^{-k}(P_\mathcal{B})} \mathbb{P}(A)\, \mathrm{ld}(\mathbb{P}(A))}{N}$$

berechnen.

Allgemein kann man für ein dynamisches System $(\Omega, \mathcal{B}, T)$ und eine Partition $P_\mathcal{B}$ von Ω aus Ereignissen zeigen, dass der Grenzwert

$$\mathbb{S}_{\mathbb{P}, P_\mathcal{B}} := \lim_{N \to \infty} \mathbb{S}_{\mathbb{P}, P_\mathcal{B}, N}$$

existiert, falls man ein invariantes Maß $\mathbb{P}_*$ zugrunde legt.

Die Größe $\mathbb{S}_{\mathbb{P}, P_\mathcal{B}}$ wird als **Entropie der Transformation T bezüglich** $P_\mathcal{B}$ bezeichnet. Für die logistische Transformation mit einem Wahrscheinlichkeitsmaß $\mathbb{P}$ eindeutig festgelegt durch

$$\mathbb{P}((a, b)) = b - a \quad \text{für} \quad a, b \in [0, 1], \quad a < b$$

und für

$$P_\mathcal{B} = \left\{\left[0, \frac{1}{2}\right), \left[\frac{1}{2}, 1\right]\right\}$$

ergeben sich die Entropien pro Orbitlänge wie in Abb. 7.4 dargestellt.

Um nun die Transformation T unabhängig von der gewählten Partition von Ω aus Ereignissen klassifizieren zu können, betrachtet man mit $\Pi_\mathcal{B}$ die Menge aller Partitionen von Ω aus Ereignissen und man bezeichnet die Größe

$$\mathbb{S}_{\mathbb{P}_*}(T) := \sup_{P_\mathcal{B} \in \Pi_\mathcal{B}} \mathbb{S}_{\mathbb{P}_*, P_\mathcal{B}}$$

als **Kolmogorov-Sinai-Entropie** von T, wobei $\mathbb{P}_*$ ein invariantes Maß darstellt.

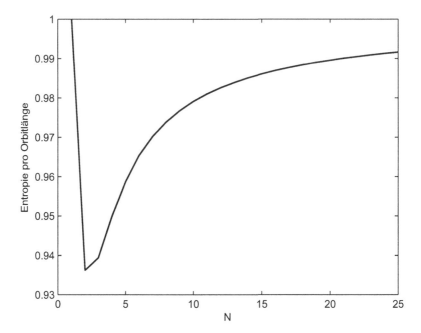

Abb. 7.4 $\mathbb{S}_{\mathbb{P},\{[0,\frac{1}{2}),[\frac{1}{2},1]\},N}$, logistische Transformation

Da bei der Berechnung der Kolmogorov-Sinai-Entropie ein invariantes Maß $\mathbb{P}_*$ verwendet wird, untersuchen wir nun die Frage, unter welchen Voraussetzungen invariante Maße existieren. Auf die im Wesentlichen funktionalanalytische Beweisführung werden wir dabei verzichten und verweisen wieder auf [EinSch14] und [Denker05].

Sei (Ω, d) ein kompakter metrischer Raum, $\mathcal{O}$ die Menge aller bezüglich d offenen Teilmengen von Ω und $\mathcal{B}$ die von $\mathcal{O}$ erzeugte Borelsche σ-Algebra. Sei ferner

$$T : \Omega \to \Omega$$

eine $\mathcal{B}$-$\mathcal{B}$-messbare Abbildung und somit $(\Omega, \mathcal{B}, T)$ ein dynamisches System. Da offensichtlich für ein $\hat{x} \in \Omega$

$$\mathbb{P} : \mathcal{B} \to [0,1], \quad A \mapsto \begin{cases} 1 & \text{falls } \hat{x} \in A \\ 0 & \text{falls } \hat{x} \notin A \end{cases}$$

ein Wahrscheinlichkeitsmaß darstellt, ist die Menge $\mathfrak{W}$ aller Wahrscheinlichkeitsmaße auf $\mathcal{B}$ nicht leer.

Als nächsten Schritt definieren wir eine Metrik auf $\mathfrak{W}$. Zu diesem Zweck untersuchen wir die Menge $C(\Omega, \mathbb{R})$ aller stetigen Funktionen

$$f : \Omega \to \mathbb{R},$$

also aller Funktionen f derart, dass das Urbild

$$f^{-1}(O) := \{x \in \Omega; \; f(x) \in O\}$$

einer offenen Teilmenge O von $\mathbb{R}$ offen ist (also Element von $\mathcal{O}$). Durch die Abbildung

$$\| \cdot \|_\infty : C(\Omega, \mathbb{R}) \to \mathbb{R}_0^+, \quad f \mapsto \max_{x \in \Omega}\{|f(x)|\}$$

ist eine Norm auf $C(\Omega, \mathbb{R})$ definiert. Ein wichtiges Ergebnis der Funktionalanalysis besagt nun, dass der normierte Raum $(C(\Omega, \mathbb{R}), \| \cdot \|_\infty)$ einen separablen Banachraum darstellt, dass also

(1) jede Cauchy-Folge bestehend aus Elementen von $C(\Omega, \mathbb{R})$ bezüglich der gegebenen Norm $\| \cdot \|_\infty$ gegen ein Element aus $C(\Omega, \mathbb{R})$ konvergiert (Banachraum)

und dass

(2) es eine abzählbare Teilmenge $D \subset C(\Omega, \mathbb{R})$ gibt mit

$$\bigcap_{\substack{D \subseteq M^c \\ M \in \mathcal{O}}} M^c = C(\Omega, \mathbb{R}) \quad \text{(Separabilität)}.$$

Die in (2) beschriebene Menge D wird als **abzählbare dichte Teilmenge von $C(\Omega, \mathbb{R})$** bezeichnet. Da D abzählbar ist, können wir die Elemente von D zählen, also in der Form

$$D = \{d_1, d_2, \ldots\}$$

schreiben und ferner können wir voraussetzen, dass die Nullfunktion

$$f_0 : \Omega \to \mathbb{R}, \quad x \mapsto 0$$

nicht zu D gehört.

Eine Metrik $d_{\mathfrak{W}}$ auf $\mathfrak{W}$ ergibt sich nun durch

$$d_{\mathfrak{W}} : \mathfrak{W} \times \mathfrak{W} \to \mathbb{R}_0^+, \quad (\mathbb{P}_1, \mathbb{P}_2) \mapsto \sum_{i=1}^\infty \frac{\left| \int d_i \, d\mathbb{P}_1 - \int d_i \, d\mathbb{P}_2 \right|}{2^i \, \|d_i\|_\infty},$$

wobei $\int d_i \, d\mathbb{P}_1$ und $\int d_i \, d\mathbb{P}_2$ Integrale darstellen, die in Abschn. 9.1 eingeführt werden. Durch diese Metrik ist die Konvergenz von Wahrscheinlichkeitsmaßen aus $\mathfrak{W}$ durch

$$\lim_{n \to \infty} \mathbb{P}_n = \mathbb{P} \quad :\Longleftrightarrow \quad \lim_{n \to \infty} d_{\mathfrak{W}}(\mathbb{P}_n, \mathbb{P}) = 0$$

definiert. Ist nun $\{\mathbb{P}_k\}_{k \in \mathbb{N}}$ eine Folge von Wahrscheinlichkeitsmaßen aus $\mathfrak{W}$, so erzeugen wir durch

$$\hat{\mathbb{P}}_k : \mathcal{B} \to [0,1], \quad A \mapsto \frac{1}{k} \sum_{j=0}^{k-1} \mathbb{P}_{k,T^j}(A), \quad k \in \mathbb{N},$$

eine weitere Folge von Wahrscheinlichkeitsmaßen aus $\mathfrak{W}$, wobei $\mathbb{P}_{k,T^j}$ das Bildmaß von T^j bezüglich $\mathbb{P}_k$ darstellt. Das besondere an dieser Vorgehensweise liegt nun darin, dass $\{\hat{\mathbb{P}}_k\}_{k \in \mathbb{N}}$ konvergiert

$$\lim_{k \to \infty} \hat{\mathbb{P}}_k = \mathbb{P}_*$$

und dass durch den Grenzwert $\mathbb{P}_*$ ein invariantes Maß gegeben ist.

Beispiel 7.6 Kehren wir zur logistischen Transformation $([0,1], \mathcal{B}, T)$ mit

$$T : [0,1] \to [0,1], \quad x \mapsto 4x(1-x)$$

zurück. Wählt man die konstante Folge

$$\mathbb{P}_k : \mathcal{B} \to [0,1], \quad A \mapsto \begin{cases} 1 & \text{falls } \frac{3}{4} \in A \\ 0 & \text{falls } \frac{3}{4} \notin A \end{cases}, \quad k \in \mathbb{N},$$

so gilt

$$\hat{\mathbb{P}}_k = \mathbb{P}_k \quad \text{für alle} \quad k \in \mathbb{N}$$

und

$$\mathbb{P}_* : \mathcal{B} \to [0,1], \quad A \mapsto \begin{cases} 1 & \text{falls } \frac{3}{4} \in A \\ 0 & \text{falls } \frac{3}{4} \notin A \end{cases}$$

ist ein invariantes Maß. Das invariante Maß

$$\mathbb{P}_* : \mathcal{B} \to [0,1], \quad A \mapsto \begin{cases} \frac{1}{2} & \text{falls } \frac{5+\sqrt{5}}{8} \in A, \ \frac{5-\sqrt{5}}{8} \notin A \\ \frac{1}{2} & \text{falls } \frac{5-\sqrt{5}}{8} \in A, \ \frac{5+\sqrt{5}}{8} \notin A \\ 0 & \text{falls } \frac{5+\sqrt{5}}{8} \notin A, \ \frac{5-\sqrt{5}}{8} \notin A \\ 1 & \text{falls } \frac{5+\sqrt{5}}{8} \in A, \ \frac{5-\sqrt{5}}{8} \in A \end{cases}$$

trägt der Tatsache Rechnung, dass es einen alternierenden Orbit (vgl. Abb. 7.2) gibt. ◁

Das folgende Theorem fasst das Wissen über invariante Maße zusammen.

Theorem 7.7 (Kryloff-Bogoliuboff) *Seien* $(\Omega, \mathcal{B}, T)$ *ein dynamisches System,* $\mathfrak{W}$ *die Menge aller Wahrscheinlichkeitsmaße auf* $\mathcal{B}$ *und* $\mathfrak{W}_T \subseteq \mathfrak{W}$ *die Menge aller invarianten Maße, so ist* $\mathfrak{W}_T$ *eine nichtleere, kompakte und konvexe Teilmenge von* $\mathfrak{W}$. ◁

Die Konvexität der Menge $\mathfrak{W}_T$ bedeutet, dass mit zwei invarianten Maßen $\mathbb{P}_*^1$ und $\mathbb{P}_*^2$ auch jedes Wahrscheinlichkeitsmaß

$$\alpha \mathbb{P}_*^1 + (1-\alpha)\mathbb{P}_*^2 : \mathcal{B} \to [0,1], \quad A \mapsto \alpha \mathbb{P}_*^1(A) + (1-\alpha)\mathbb{P}_*^2(A) \quad 0 \le \alpha \le 1$$

ein invariantes Maß ist. Gilt nun für ein invariantes Maß $\mathbb{P}_*$:

$$\mathbb{P}_* = \alpha \mathbb{P}_*^1 + (1-\alpha)\mathbb{P}_*^2, \quad 0 < \alpha < 1 \quad \text{mit} \quad \mathbb{P}_*^1(A), \mathbb{P}_*^2(A) \in \mathfrak{W}_T$$

genau dann , wenn

$$\mathbb{P}_* = \mathbb{P}_*^1 = \mathbb{P}_*^2,$$

so heißt $\mathbb{P}_*$ ein **Extremalpunkt** von $\mathfrak{W}_T$. Da $\mathfrak{W}_T$ kompakt (und damit abgeschlossen) ist, besitzt $\mathfrak{W}_T$ mindestens einen Extremalpunkt. Diese Extremalpunkte sind **ergodische Wahrscheinlichkeitsmaße**: Wählt man zu einem dynamischen System $(\Omega, \mathcal{B}, T)$ und einem invarianten Wahrscheinlichkeitsmaß $\mathbb{P}_*$ eine Menge $M \in \mathcal{B}$ mit $T^{-1}(M) = M$ (eine sogenannte T-invariante Menge, z. B. Ω und $\emptyset$; Orbits mit Startpunkt aus M bleiben in M), so heißt dieses Wahrscheinlichkeitsmaß ergodisch, falls:

$$\mathbb{P}_*(M) = 0 \quad \text{oder} \quad \mathbb{P}_*(M) = 1.$$

Dies bedeutet, dass es keine Partition $\{P_1, P_2\}$ von Ω aus T-invarianten Ereignissen gibt mit

$$0 < \mathbb{P}_*(P_1) < 1, \quad 0 < \mathbb{P}_*(P_2) < 1.$$

Will man also das dynamische System $(\Omega, \mathcal{B}, T)$ durch T-invariante Mengen in nichttriviale Teilsysteme zerlegen, um diese zu analysieren, so ist dies auf der Basis eines ergodischen Wahrscheinlichkeitsmaßes nicht möglich, da einerseits die volle Komplexität erhalten bleibt ($\mathbb{P}_*(P_1) = 1$) und man andererseits $\mathbb{P}_*$-Nullmengen betrachtet ($\mathbb{P}_*(P_2) = 0$).

Für die logistische Transformation ist das invariante Maß

$$\mathbb{P}_* : \mathcal{B} \to [0,1], \quad A \mapsto \begin{cases} 1 & \text{falls } \frac{3}{4} \in A \\ 0 & \text{falls } \frac{3}{4} \notin A \end{cases}$$

ergodisch, denn für eine T-invariante Menge M mit $\frac{3}{4} \in M$ gilt $\mathbb{P}_*(M) = 1$, ansonsten
$\mathbb{P}_*(M) = 0$. Auch

$$\mathbb{P}_* : \mathcal{B} \to [0,1], \quad A \mapsto \begin{cases} \frac{1}{2} & \text{falls } \frac{5+\sqrt{5}}{8} \in A, \ \frac{5-\sqrt{5}}{8} \notin A \\ \frac{1}{2} & \text{falls } \frac{5-\sqrt{5}}{8} \in A, \ \frac{5+\sqrt{5}}{8} \notin A \\ 0 & \text{falls } \frac{5+\sqrt{5}}{8} \notin A, \ \frac{5-\sqrt{5}}{8} \notin A \\ 1 & \text{falls } \frac{5+\sqrt{5}}{8} \in A, \ \frac{5-\sqrt{5}}{8} \in A \end{cases}$$

ist ergodisch, denn jede T-invariante Menge M mit $\frac{5+\sqrt{5}}{8} \in M$ enthält auch $\frac{5-\sqrt{5}}{8}$ und
umgekehrt.

Die informationstheoretische Analyse dynamischer Systeme muss jetzt noch unvollständig bleiben, da wir den Begriff der Dichtefunktion und damit verbunden die differentielle Entropie noch nicht zur Verfügung haben. Wir werden daher in Abschn. 9.4 auf dieses Thema zurückkommen.

Stationäre Informationsquellen

8.1 Zylindermengen und Projektionen

Ausgehend von einer nichtleeren Menge A, die wir als Zeichenvorrat bezeichnen und die mindestens zwei und höchstens endlich viele Elemente (sogenannte Zeichen) enthalten darf, geht man in der Kommunikationstechnik häufig von einem Sender aus, der zu jedem Zeitpunkt $t \in \mathbb{Z}$ ein Zeichen $a \in A$ sendet. Zu jedem festen Zeitpunkt $t_0 \in \mathbb{Z}$ hat der Sender somit schon unendlich viele Zeichen gesendet und wird auch nach t_0 noch unendlich viele Zeichen senden. Diese unrealistische Annahme dient dazu, alle praktisch relevanten Fälle in einem einzigen mathematischen Modell erfassen zu können und nicht für jeden Spezialfall ein eigenes mathematisches Modell entwerfen zu müssen; wir werden darauf zurückkommen.

Als Menge Ω aller Nachrichten bezeichnen wir die Menge aller möglichen Zeichenfolgen, die durch den Sender erzeugt werden können:

$$\Omega = A^{\mathbb{Z}} := \{ f : \mathbb{Z} \to A \}.$$

Diese Menge fungiert nun als Ergebnismenge eines Wahrscheinlichkeitsraumes. Da $|A^{\mathbb{Z}}| > |\mathbb{N}|$, ist bei der Wahl der Ereignisse (gegeben durch eine σ-Algebra S) Vorsicht geboten; die unüberlegte Wahl der Potenzmenge von Ω kann zu einer starken Beeinträchtigung bei der Wahl der Wahrscheinlichkeitsmaße führen. In der Praxis hat sich die folgende Vorgehensweise als nützlich erwiesen:
Zu jedem $k \in \mathbb{N}$, $\{i_1, \ldots, i_k\} \subset \mathbb{Z}$ und $\mathbf{a} \in A^k$ betrachtet man die Mengen

$$Z_{k, \{i_1, \ldots, i_k\}, \mathbf{a}} := \{ f \in A^{\mathbb{Z}} ; f(i_j) = a_j, j = 1, \ldots, k \}$$

und die Menge

$$Z := \{ Z_{k, \{i_1, \ldots, i_k\}, \mathbf{a}} ; k \in \mathbb{N}, \{i_1, \ldots, i_k\} \subset \mathbb{Z}, \mathbf{a} \in A^k \} \cup \{\emptyset\} \cup \{\Omega\}$$

© Springer-Verlag Berlin Heidelberg 2015
S. Schäffler, *Mathematik der Information*, Springer-Lehrbuch Masterclass,
DOI 10.1007/978-3-662-46382-6_8

(zu endlich vielen fest gewählten Zeitpunkten wurden festgewählte Zeichen gesendet).
Als σ-Algebra S über $A^{\mathbb{Z}}$ wird nun die kleinste σ-Algebra gewählt, die alle Mengen aus $\mathcal{Z}$ (Zylindermengen genannt) enthält:

$$S = \bigotimes_{i \in \mathbb{Z}} \mathcal{P}(A) := \sigma(\mathcal{Z}).$$

Die Menge $\mathcal{Z}$ aller Zylindermengen besitzt die Struktur eines **Semi-Rings** $S\mathcal{R}$ über Ω:

(SR1) $\emptyset \in S\mathcal{R}$.

(SR2) Aus $A, B \in S\mathcal{R}$ folgt $A \cap B \in S\mathcal{R}$.

(SR3) Für je zwei Mengen $A, B \in S\mathcal{R}$ ist $A \setminus B$ endliche Vereinigung von paarweise disjunkten Mengen aus $S\mathcal{R}$.

Hat man nun auf $\mathcal{Z}$ eine Abbildung w mit:

(i) $w : \mathcal{Z} \to [0, 1]$,

(ii) $w(\emptyset) = 0$,

(iii) für je abzählbar viele $A, A_1, A_2, \ldots \in \mathcal{Z}$ mit $A \subseteq \bigcup\limits_{i=1}^{\infty} A_i$ gilt:

$$w(A) \leq \sum_{i=1}^{\infty} w(A_i),$$

gegeben, so erhält man mit dem Fortsetzungssatz 1.53 aus [Klenke05] ein eindeutiges Wahrscheinlichkeitsmaß $\mathbb{P}$ auf $\bigotimes\limits_{i \in \mathbb{Z}} \mathcal{P}(A)$ mit

$$\mathbb{P}(A) = w(A) \quad \text{für alle} \quad A \in \mathcal{Z}.$$

Nun betrachten wir die Projektionen

$$p_i : A^{\mathbb{Z}} \to A, \quad f \mapsto f(i), \quad i \in \mathbb{Z}.$$

Da für jedes $M \subseteq A$ gilt:

$$p_i^{-1}(M) = \bigcup_{m \in M} \mathcal{Z}_{1,\{i\},m} \quad (\text{wobei} \quad p_i^{-1}(\emptyset) := \emptyset)$$

und da

$$\mathcal{Z}_{k,\{i_1,\ldots,i_k\},\mathbf{a}} = \bigcap_{j=1}^{k} p_{i_j}^{-1}(\{a_j\}),$$

ist $\bigotimes\limits_{i \in \mathbb{Z}} \mathcal{P}(A)$ auch die kleinste σ-Algebra über $A^{\mathbb{Z}}$, sodass jede Projektion p_i, $i \in \mathbb{Z}$, $\bigotimes\limits_{i \in \mathbb{Z}} \mathcal{P}(A)$-$\mathcal{P}(A)$-messbar ist. Daraus folgt ein weiterer großer Vorteil der σ-Algebra $\bigotimes\limits_{i \in \mathbb{Z}} \mathcal{P}(A)$.

Theorem 8.1 (Abgeschlossenheit bei Bijektionen) *Seien A ein Zeichenvorrat, $\Omega = A^{\mathbb{Z}}$, $S = \bigotimes\limits_{i \in \mathbb{Z}} \mathcal{P}(A)$, $B : \mathbb{Z} \to \mathbb{Z}$ eine Bijektion und*

$$\tau_B : \bigotimes_{i \in \mathbb{Z}} \mathcal{P}(A) \to \mathcal{P}\left(A^{\mathbb{Z}}\right), \quad S \mapsto \{g : \mathbb{Z} \to A, \, k \mapsto f(B(k)); \, f \in S\},$$

so gilt für jede Menge $S \in \bigotimes\limits_{i \in \mathbb{Z}} \mathcal{P}(A)$:

$$\tau_B(S) \in \bigotimes_{i \in \mathbb{Z}} \mathcal{P}(A). \qquad \qquad \triangleleft$$

Beweis Wir untersuchen das Mengensystem

$$\mathcal{F} = \left\{ S \in \bigotimes_{i \in \mathbb{Z}} \mathcal{P}(A); \, \tau_B(S) \in \bigotimes_{i \in \mathbb{Z}} \mathcal{P}(A) \right\}.$$

Da $\mathcal{F} \subseteq \bigotimes\limits_{i \in \mathbb{Z}} \mathcal{P}(A)$, bleibt zu zeigen, dass $\bigotimes\limits_{i \in \mathbb{Z}} \mathcal{P}(A) \subseteq \mathcal{F}$.

Sei nun

$$C \in \{p_j^{-1}(N); \, j \in \mathbb{Z}, N \in \mathcal{P}(A)\},$$

so existiert ein $i \in \mathbb{Z}$ und ein $M \in \mathcal{P}(A)$ mit

$$C = p_i^{-1}(M) = \{f \in A^{\mathbb{Z}}; \, f(i) \in M\}$$

und

$$\begin{aligned}
\tau_B(C) &= \{g : \mathbb{Z} \to A, \, k \mapsto f(B(k)); \, f \in C\} = \\
&= \{g : \mathbb{Z} \to A; \, g(B^{-1}(i)) \in M\} = \\
&= p_{B^{-1}(i)}^{-1}(M).
\end{aligned}$$

Somit gilt

$$\{p_j^{-1}(N); \, j \in \mathbb{Z}, N \in \mathcal{P}(A)\} \subseteq \mathcal{F}.$$

Wegen

$$\bigotimes_{i \in \mathbb{Z}} \mathcal{P}(A) = \sigma\left(\{p_j^{-1}(N); \, j \in \mathbb{Z}, N \in \mathcal{P}(A)\}\right),$$

bleibt zu zeigen, dass $\mathcal{F}$ eine σ-Algebra ist.

(i)   Da $\tau_B(\Omega) = \{g : \mathbb{Z} \to A, k \mapsto f(B(k)); f \in A^{\mathbb{Z}}\} = \Omega \in \bigotimes\limits_{i \in \mathbb{Z}} \mathcal{P}(A)$, ist $\Omega \in \mathcal{F}$.
(ii) Da mit $S \in \mathcal{F}$ gilt:

$$\tau_B(S^c) = \{g : \mathbb{Z} \to A, k \mapsto f(B(k)); f \in S^c\} =$$
$$= \{g : \mathbb{Z} \to A, k \mapsto f(B(k)); f \in S\}^c =$$
$$= \tau_B(S)^c \in \bigotimes\limits_{i \in \mathbb{Z}} \mathcal{P}(A),$$

ist $S^c \in \mathcal{F}$.
(iii) Da mit $S_i \in \mathcal{F}, i \in \mathbb{N}$ gilt:

$$\tau_B\left(\bigcup_{i=1}^{\infty} S_i\right) = \left\{g : \mathbb{Z} \to A, k \mapsto f(B(k)); f \in \bigcup_{i=1}^{\infty} S_i\right\} =$$
$$= \bigcup_{i=1}^{\infty} \{g : \mathbb{Z} \to A, k \mapsto f(B(k)); f \in S_i\} =$$
$$= \bigcup_{i=1}^{\infty} \tau_B(S_i) \in \bigotimes\limits_{i \in \mathbb{Z}} \mathcal{P}(A),$$

ist $\bigcup\limits_{i=1}^{\infty} S_i \in \mathcal{F}$.   **q.e.d.**

Nun sind wir in der Lage, (stationäre) Informationsquellen zu definieren.

Definition 8.2 ((stationäre) Informationsquelle) Sei A ein Zeichenvorrat (also: $2 \leq |A| < \infty$), so wird ein Wahrscheinlichkeitsraum

$$\left(A^{\mathbb{Z}}, \bigotimes\limits_{i \in \mathbb{Z}} \mathcal{P}(A), \mathbb{P}\right)$$

als **Informationsquelle** bezeichnet. Eine Informationsquelle heißt **stationär**, falls für jede Bijektion

$$B_q : \mathbb{Z} \to \mathbb{Z}, \quad i \mapsto i + q, \quad q \in \mathbb{Z}$$

gilt:

$$\mathbb{P}(S) = \mathbb{P}(\tau_{B_q}(S)) \quad \text{für alle} \quad S \in \bigotimes\limits_{i \in \mathbb{Z}} \mathcal{P}(A). \qquad \triangleleft$$

Die wahrscheinlichkeitstheoretischen Aussagen über eine stationäre Informationsquelle sind somit zeitlich invariant.

Da für jedes $r \in \mathbb{N}$ gilt:

$$\tau_{B_r}(S) = \underbrace{(\tau_{B_1} \circ \ldots \circ \tau_{B_1})}_{\text{r-mal}}(S) \quad \text{für alle } S \in \bigotimes_{i \in \mathbb{Z}} \mathcal{P}(A)$$

und

$$S = \underbrace{(\tau_{B_1} \circ \ldots \circ \tau_{B_1})}_{\text{r-mal}}(\tau_{B_{-r}}(S)) \quad \text{für alle } S \in \bigotimes_{i \in \mathbb{Z}} \mathcal{P}(A),$$

ist eine Informationsquelle bereits dann stationär, falls mit

$$B_1 : \mathbb{Z} \to \mathbb{Z}, \quad i \mapsto i + 1$$

gilt:

$$\mathbb{P}(S) = \mathbb{P}(\tau_{B_1}(S)) \quad \text{für alle} \quad S \in \bigotimes_{i \in \mathbb{Z}} \mathcal{P}(A).$$

Will man nun eine endliche Nachricht bestehend aus K Zeichen analysieren, wobei die Zeichen zu den Zeitpunkten $t_1 < \ldots < t_K \in \mathbb{Z}$ gesendet werden, so kann man dies basierend auf der Informationsquelle $\left(A^{\mathbb{Z}}, \bigotimes_{i \in \mathbb{Z}} \mathcal{P}(A), \mathbb{P} \right)$ durch Analyse der Abbildung

$$\mathbf{X} : A^{\mathbb{Z}} \to A^K, \quad f \mapsto (f(t_1), \ldots, f(t_K))$$

tun, denn unter Verwendung der Potenzmenge $\mathcal{P}(A^K)$ von A^K ist $\mathbf{X} \bigotimes_{i \in \mathbb{Z}} \mathcal{P}(A)$-$\mathcal{P}(A^K)$-messbar. Es ist also nicht nötig, für jede neue endliche Nachricht einen neuen Wahrscheinlichkeitsraum zu definieren, sondern alle möglichen endlichen Nachrichten können durch geeignete Zufallsvariablen basierend auf **einem** Wahrscheinlichkeitsraum

$$\left(A^{\mathbb{Z}}, \bigotimes_{i \in \mathbb{Z}} \mathcal{P}(A), \mathbb{P} \right)$$

analysiert und miteinander verglichen werden.

Beispiel 8.3 Sei A ein Zeichenvorrat und

$$\mathbb{P}_A : \mathcal{P}(A) \to [0, 1]$$

ein Wahrscheinlichkeitsmaß auf $\mathcal{P}(A)$. Sei ferner mit $J \subset \mathbb{Z}$, $1 \leq |J| < \infty$ und $(a_1, \ldots, a_{|J|}) \in A^{|J|}$

$$P : \mathcal{Z} \to [0,1], \quad \{f \in A^{\mathbb{Z}},\ f(i_j) = a_j;\ \{i_1, \ldots, i_{|J|}\} = J\} \mapsto \prod_{j=1}^{|J|} \mathbb{P}_A(\{a_j\}),$$

$$\Omega \mapsto 1,$$

$$\emptyset \mapsto 0,$$

so gibt es genau ein Wahrscheinlichkeitsmaß

$$\mathbb{P} : \bigotimes_{i \in \mathbb{Z}} \mathcal{P}(A) \to [0,1]$$

mit $\mathbb{P}_{|\mathcal{Z}} = P$.

Die Informationsquelle $\left(A^{\mathbb{Z}}, \bigotimes_{i \in \mathbb{Z}} \mathcal{P}(A), \mathbb{P} \right)$ ist stationär.   ◁

8.2 Entropie pro Zeichen

Die entscheidende Kenngröße für eine stationäre Informationsquelle mit Zeichenvorrat A ist die Entropie pro Zeichen, die wir nun einführen.

Theorem und Definition 8.4 (Entropie pro Zeichen) *Seien A ein Zeichenvorrat und*

$$\left(A^{\mathbb{Z}}, \bigotimes_{i \in \mathbb{Z}} \mathcal{P}(A), \mathbb{P} \right)$$

eine stationäre Informationsquelle, so gilt für jedes $N \in \mathbb{N}$, $i \in \mathbb{Z}$:
    Die Abbildung

$$\mathbf{X}_{N,i} : A^{\mathbb{Z}} \to A^N, \quad f \mapsto (f(i), f(i+1), \ldots, f(i+N-1))$$

ist $\bigotimes_{i \in \mathbb{Z}} \mathcal{P}(A)$-$\mathcal{P}(A^N)$-messbar, wobei $\mathcal{P}(A^N)$ die Potenzmenge von A^N darstellt.
    Für die Bildmaße gilt:

$$\mathbb{P}_{\mathbf{X}_{N,j}} = \mathbb{P}_{\mathbf{X}_{N,k}} \quad \textit{für alle} \quad j, k \in \mathbb{Z}.$$

Ferner existiert der Grenzwert

$$\bar{\mathbb{S}}_{\mathbb{P}} := \lim_{N \to \infty} \frac{\mathbb{S}_{\mathbb{P}_{\mathbf{X}_{N,i}}}}{N} \quad \textit{unabhängig von} \quad i \in \mathbb{Z}$$

und wird mit **Entropie pro Zeichen** *einer stationären Informationsquelle mit der Einheit $\left[\frac{bit}{Zeichen} \right]$ bezeichnet.*   ◁

Beweis (siehe dazu [HeHo74]) Sei $M \in \mathcal{P}(A^N)$, so ist

$$\mathbf{X}_{N,i}^{-1}(M) = \bigcup_{\mathbf{m} \in M} \mathbf{X}_{N,i}^{-1}(\{\mathbf{m}\}) = \bigcup_{\mathbf{m} \in M} Z_{N,\{i,i+1,\dots,i+N-1\},\mathbf{m}} \in \bigotimes_{i \in \mathbb{Z}} \mathcal{P}(A)$$

und somit ist die Abbildung $\mathbf{X}_{N,i}$ $\bigotimes\limits_{i \in \mathbb{Z}} \mathcal{P}(A)$-$\mathcal{P}(A^N)$-messbar. Für die Bildmaße erhalten wir mit der Bijektion

$$B_{k-j} : \mathbb{Z} \to \mathbb{Z}, \quad i \mapsto i + k - j :$$

$$\mathbb{P}_{\mathbf{X}_{N,j}}(M) = \mathbb{P}(\mathbf{X}_{N,j}^{-1}(M)) = \sum_{\mathbf{m} \in M} \mathbb{P}(\mathbf{X}_{N,j}^{-1}(\{\mathbf{m}\})) =$$

$$= \sum_{\mathbf{m} \in M} \mathbb{P}(\{f \in A^{\mathbb{Z}}; f(j+i-1) = m_i, i = 1, \dots, N\}) =$$

$$= \sum_{\mathbf{m} \in M} \mathbb{P}(\{f \in A^{\mathbb{Z}}; f(B_{k-j}(j+i-1)) = m_i, i = 1, \dots, N\}) =$$

$$= \sum_{\mathbf{m} \in M} \mathbb{P}(\{f \in A^{\mathbb{Z}}; f(k+i-1) = m_i, i = 1, \dots, N\}) =$$

$$= \mathbb{P}_{\mathbf{X}_{N,k}}(M).$$

Nun betrachten wir für $N, M \in \mathbb{N}$ und $i \in \mathbb{Z}$ den Wahrscheinlichkeitsraum

$$(A^{N+M}, \mathcal{P}(A^{N+M}), \mathbb{P}_{\mathbf{X}_{N+M,i}}), \quad \text{den Messraum} \quad (A^N, \mathcal{P}(A^N))$$

und die Zufallsvariable

$$\mathbf{X} : A^{N+M} \to A^N, \quad (m_1, \dots, m_{N+M}) \mapsto (m_1, \dots, m_N)$$

mit dem Bildmaß $\mathbb{P}_{\mathbf{X}_{N+M,i}, \mathbf{X}} : \mathcal{P}(A^N) \to [0,1]$.
    Für jedes $B \subseteq A^N$ gilt:

$$\mathbb{P}_{\mathbf{X}_{N+M,i}, \mathbf{X}}(B) = \mathbb{P}_{\mathbf{X}_{N+M,i}}\left(\mathbf{X}^{-1}(B)\right) = \sum_{\mathbf{b} \in B} \mathbb{P}_{\mathbf{X}_{N+M,i}}\left(\mathbf{X}^{-1}(\{\mathbf{b}\})\right) =$$

$$= \sum_{\mathbf{b} \in B} \mathbb{P}_{\mathbf{X}_{N+M,i}}\left(\{\mathbf{m} \in A^{N+M}; m_1 = b_1, \dots, m_N = b_N\}\right) =$$

$$= \sum_{\mathbf{b} \in B} \mathbb{P}\left(\{f \in A^{\mathbb{Z}}; f(i) = b_1, \dots, f(i+N-1) = b_N\}\right) =$$

$$= \mathbb{P}_{\mathbf{X}_{N,i}}(B).$$

Somit gilt mit Theorem 7.5 für jedes $i \in \mathbb{Z}$:

$$\mathbb{S}_{\mathbb{P}_{\mathbf{X}_{N,i}}} \leq \mathbb{S}_{\mathbb{P}_{\mathbf{X}_{N+M,i}}}.$$

Nun zeigen wir die für $i \in \mathbb{Z}$ die wichtige Ungleichung

$$\mathbb{S}_{\mathbb{P}_{\mathbf{X}_{N+M,i}}} \leq \mathbb{S}_{\mathbb{P}_{\mathbf{X}_{N,i}}} + \mathbb{S}_{\mathbb{P}_{\mathbf{X}_{M,i}}}.$$

Dabei setzen wir ohne Beschränkung der Allgemeinheit voraus, dass

$$\mathbb{P}_{\mathbf{X}_{N,i}}(\{\mathbf{n}\}) > 0 \quad \text{für alle} \quad N \in \mathbb{N} \quad \text{und} \quad \mathbf{n} \in A^N$$

und verwenden die Schreibweise

$$\mathbb{P}^{\{\mathbf{n}\}}_{\mathbf{X}_{M,i+N}}(\{\mathbf{m}\})$$

für die bedingte Wahrscheinlichkeit für $\{f \in A^{\mathbb{Z}}; \mathbf{X}_{M,i+N}(f) = \mathbf{m}\}$ unter der Bedingung $\{f \in A^{\mathbb{Z}}; \mathbf{X}_{N,i}(f) = \mathbf{n}\}$:

$$
\begin{aligned}
\mathbb{S}_{\mathbb{P}_{\mathbf{X}_{N+M,i}}} &= -\sum_{\substack{\mathbf{n} \in A^N \\ \mathbf{m} \in A^M}} \mathbb{P}_{\mathbf{X}_{N+M,i}}(\{(\mathbf{n},\mathbf{m})\}) \, \mathrm{ld}\left(\mathbb{P}_{\mathbf{X}_{N+M,i}}(\{(\mathbf{n},\mathbf{m})\})\right) = \\
&= -\sum_{\substack{\mathbf{n} \in A^N \\ \mathbf{m} \in A^M}} \mathbb{P}^{\{\mathbf{n}\}}_{\mathbf{X}_{M,i+N}}(\{\mathbf{m}\}) \mathbb{P}_{\mathbf{X}_{N,i}}(\{\mathbf{n}\}) \, \mathrm{ld}\left(\mathbb{P}^{\{\mathbf{n}\}}_{\mathbf{X}_{M,i+N}}(\{\mathbf{m}\}) \mathbb{P}_{\mathbf{X}_{N,i}}(\{\mathbf{n}\})\right) = \\
&= -\sum_{\substack{\mathbf{n} \in A^N \\ \mathbf{m} \in A^M}} \mathbb{P}^{\{\mathbf{n}\}}_{\mathbf{X}_{M,i+N}}(\{\mathbf{m}\}) \mathbb{P}_{\mathbf{X}_{N,i}}(\{\mathbf{n}\}) \, \mathrm{ld}\left(\mathbb{P}_{\mathbf{X}_{N,i}}(\{\mathbf{n}\})\right) - \\
&\quad - \sum_{\substack{\mathbf{n} \in A^N \\ \mathbf{m} \in A^M}} \mathbb{P}^{\{\mathbf{n}\}}_{\mathbf{X}_{M,i+N}}(\{\mathbf{m}\}) \mathbb{P}_{\mathbf{X}_{N,i}}(\{\mathbf{n}\}) \, \mathrm{ld}\left(\mathbb{P}^{\{\mathbf{n}\}}_{\mathbf{X}_{M,i+N}}(\{\mathbf{m}\})\right) = \\
&= -\sum_{\mathbf{n} \in A^N} \left(\mathbb{P}_{\mathbf{X}_{N,i}}(\{\mathbf{n}\}) \, \mathrm{ld}\left(\mathbb{P}_{\mathbf{X}_{N,i}}(\{\mathbf{n}\})\right) \underbrace{\sum_{\mathbf{m} \in A^M} \mathbb{P}^{\{\mathbf{n}\}}_{\mathbf{X}_{M,i+N}}(\{\mathbf{m}\})}_{=1} \right) - \\
&\quad - \sum_{\substack{\mathbf{n} \in A^N \\ \mathbf{m} \in A^M}} \mathbb{P}_{\mathbf{X}_{N,i}}(\{\mathbf{n}\}) \mathbb{P}^{\{\mathbf{n}\}}_{\mathbf{X}_{M,i+N}}(\{\mathbf{m}\}) \, \mathrm{ld}\left(\mathbb{P}^{\{\mathbf{n}\}}_{\mathbf{X}_{M,i+N}}(\{\mathbf{m}\})\right) = \\
&= \mathbb{S}_{\mathbb{P}_{\mathbf{X}_{N,i}}} - \sum_{\mathbf{m} \in A^M} \sum_{\mathbf{n} \in A^N} \mathbb{P}_{\mathbf{X}_{N,i}}(\{\mathbf{n}\}) \mathbb{P}^{\{\mathbf{n}\}}_{\mathbf{X}_{M,i+N}}(\{\mathbf{m}\}) \, \mathrm{ld}\left(\mathbb{P}^{\{\mathbf{n}\}}_{\mathbf{X}_{M,i+N}}(\{\mathbf{m}\})\right).
\end{aligned}
$$

Nun untersuchen wir den Term

$$\sum_{\mathbf{n} \in A^N} \mathbb{P}_{\mathbf{X}_{N,i}}(\{\mathbf{n}\}) \mathbb{P}^{\{\mathbf{n}\}}_{\mathbf{X}_{M,i+N}}(\{\mathbf{m}\}) \, \mathrm{ld}\left(\mathbb{P}^{\{\mathbf{n}\}}_{\mathbf{X}_{M,i+N}}(\{\mathbf{m}\})\right)$$

genauer. Betrachtet man die Funktion

$$f : [0, 1] \to \mathbb{R}, \quad x \mapsto \begin{cases} 0 & \text{falls } x = 0 \\ x \, \mathrm{ld}(x) & \text{falls } x \neq 0 \end{cases},$$

so ist f strikt konvex. Mit der Ungleichung von Jensen folgt:

$$f\left(\sum_{j=1}^{k} p_j x_j\right) \leq \sum_{j=1}^{k} p_j f(x_j), \quad x_1, \ldots, x_k \in [0, 1], \ p_1, \ldots, p_k \geq 0, \ \sum_{j=1}^{k} p_j = 1.$$

Setzen wir nun:

$$k = |A^N|$$
$$p_j = \mathbb{P}_{X_{N,i}}(\{\mathbf{n}_j\}), \quad \mathbf{n}_j \in A^N,$$
$$x_j = \mathbb{P}_{X_{M,i+N}}^{\{\mathbf{n}_j\}}(\{\mathbf{m}\}), \quad \mathbf{n}_j \in A^N,$$

so erhalten wir:

$$\sum_{\mathbf{n} \in A^N} \mathbb{P}_{X_{N,i}}(\{\mathbf{n}\}) \mathbb{P}_{X_{M,i+N}}^{\{\mathbf{n}\}}(\{\mathbf{m}\}) \, \mathrm{ld}\left(\mathbb{P}_{X_{M,i+N}}^{\{\mathbf{n}\}}(\{\mathbf{m}\})\right) \geq$$

$$\geq \sum_{\mathbf{n} \in A^N} \mathbb{P}_{X_{N,i}}(\{\mathbf{n}\}) \mathbb{P}_{X_{M,i+N}}^{\{\mathbf{n}\}}(\{\mathbf{m}\}) \, \mathrm{ld}\left(\sum_{\mathbf{n} \in A^N} \mathbb{P}_{X_{N,i}}(\{\mathbf{n}\}) \mathbb{P}_{X_{M,i+N}}^{\{\mathbf{n}\}}(\{\mathbf{m}\})\right) =$$

$$= \mathbb{P}_{X_{M,i+N}}(\{\mathbf{m}\}) \, \mathrm{ld}\left(\mathbb{P}_{X_{M,i+N}}(\{\mathbf{m}\})\right).$$

Oben eingesetzt ergibt:

$$\mathbb{S}_{\mathbb{P}_{X_{N+M,i}}} \leq \mathbb{S}_{\mathbb{P}_{X_{N,i}}} - \sum_{\mathbf{m} \in A^M} \mathbb{P}_{X_{M,i+N}}(\{\mathbf{m}\}) \, \mathrm{ld}\left(\mathbb{P}_{X_{M,i+N}}(\{\mathbf{m}\})\right) =$$

$$= \mathbb{S}_{\mathbb{P}_{X_{N,i}}} + \mathbb{S}_{\mathbb{P}_{X_{M,i+N}}} =$$

$$= \mathbb{S}_{\mathbb{P}_{X_{N,i}}} + \mathbb{S}_{\mathbb{P}_{X_{M,i}}}.$$

Zusammenfassend steht uns nun für jedes $i \in \mathbb{Z}$ und $N, M \in \mathbb{N}$ die Doppelungleichung

$$\mathbb{S}_{\mathbb{P}_{X_{N,i}}} \leq \mathbb{S}_{\mathbb{P}_{X_{N+M,i}}} \leq \mathbb{S}_{\mathbb{P}_{X_{N,i}}} + \mathbb{S}_{\mathbb{P}_{X_{M,i}}}$$

zur Verfügung. Da die Informationsquelle stationär und der Zeichenvorrat A endlich ist, gilt

$$\mathbb{S}_{\mathbb{P}_{X_{N,i}}} = \mathbb{S}_{\mathbb{P}_{X_{N,j}}} < \infty \quad \text{für alle} \quad N \in \mathbb{N} \quad \text{und} \quad i, j \in \mathbb{Z}.$$

Deshalb schreiben wir vereinfacht

$$\mathbb{S}_{\mathbb{P}_{\mathbf{x}_N}} \leq \mathbb{S}_{\mathbb{P}_{\mathbf{x}_{N+M}}} \leq \mathbb{S}_{\mathbb{P}_{\mathbf{x}_N}} + \mathbb{S}_{\mathbb{P}_{\mathbf{x}_M}}.$$

Hieraus ergibt sich für $Q \in \mathbb{N}$:

$$\mathbb{S}_{\mathbb{P}_{\mathbf{x}_Q}} \leq Q \mathbb{S}_{\mathbb{P}_{\mathbf{x}_1}}$$

und somit die Existenz von $h \geq 0$ mit

$$h := \liminf_{Q \to \infty} \frac{\mathbb{S}_{\mathbb{P}_{\mathbf{x}_Q}}}{Q}.$$

Es bleibt nun zu zeigen, dass h der einzige Häufungspunkt der Folge $\left\{ \frac{\mathbb{S}_{\mathbb{P}_{\mathbf{x}_Q}}}{Q} \right\}$, $Q \in \mathbb{N}$, ist.

Sei $N' \in \mathbb{N}$ so gewählt, dass zu vorgegebenem $\epsilon > 0$ gilt:

$$\frac{\mathbb{S}_{\mathbb{P}_{\mathbf{x}_{N'}}}}{N'} < h + \epsilon,$$

so gibt es zu jedem $N \in \mathbb{N}$, $N > N'$ ein $S \in \mathbb{N}$, $S > 1$, mit

$$(S-1)N' < N \leq SN'.$$

Wegen

$$\mathbb{S}_{\mathbb{P}_{\mathbf{x}_N}} \leq \mathbb{S}_{\mathbb{P}_{\mathbf{x}_{SN'}}} \leq S \mathbb{S}_{\mathbb{P}_{\mathbf{x}_{N'}}}$$

folgt:

$$\frac{\mathbb{S}_{\mathbb{P}_{\mathbf{x}_N}}}{N} \leq \frac{S}{N} \mathbb{S}_{\mathbb{P}_{\mathbf{x}_{N'}}} < \frac{S}{(S-1)N'} \mathbb{S}_{\mathbb{P}_{\mathbf{x}_{N'}}} < \frac{S}{S-1}(h+\epsilon) \overset{N \to \infty}{\longrightarrow} h + \epsilon,$$

da mit $N \to \infty$ auch $S \to \infty$.   **q.e.d.**

Analog zu Abschn. 5.2 kann man eine Informationsquelle an einen Kanal (gegeben durch bedingte Wahrscheinlichkeiten) anschließen und die Übertragung durch die Transinformation bzw. Kanalkapazität charakterisieren (siehe dazu [HeHo74]).

Dichtefunktionen und Entropie
9

9.1 Integration

Wahrscheinlichkeitsmaße auf der Borelschen σ-Algebra $\mathcal{B}^n$ werden häufig durch Dichtefunktionen dargestellt. Für diese Darstellung benötigt man eine Integrationstheorie, die wir nun rekapitulieren (siehe dazu [Bau92]). Mit $\bar{\mathbb{R}} := \mathbb{R} \cup \{-\infty, +\infty\}$ wird eine Erweiterung der Menge aller reellen Zahlen definiert. Die algebraische Struktur von $\mathbb{R}$ wird folgendermaßen auf $\bar{\mathbb{R}}$ erweitert: Für alle $a \in \mathbb{R}$ gilt:

$$a + (\pm\infty) = (\pm\infty) + a = (\pm\infty) + (\pm\infty) = (\pm\infty), \quad +\infty - (-\infty) = +\infty,$$

$$a \cdot (\pm\infty) = (\pm\infty) \cdot a = \begin{cases} (\pm\infty), & \text{für } a > 0, \\ 0, & \text{für } a = 0, \\ (\mp\infty), & \text{für } a < 0, \end{cases}$$

$$(\pm\infty) \cdot (\pm\infty) = +\infty, \quad (\pm\infty) \cdot (\mp\infty) = -\infty, \quad \frac{a}{\pm\infty} = 0.$$

Somit ist $\bar{\mathbb{R}}$ kein Körper. Die Vorzeichen bei $\pm\infty$ dürfen bei den obigen Formeln nicht kombiniert werden, denn die Ausdrücke „$+\infty + (-\infty)$" und „$-\infty + (+\infty)$" sind nicht definiert. Vorsicht ist bei den Grenzwertsätzen geboten:

$$\lim_{x \to +\infty} \left(x \cdot \frac{1}{x} \right) \neq (+\infty) \cdot 0 = 0.$$

Ergänzt man die Ordnungsstruktur von $\mathbb{R}$ durch $-\infty < a$, $a < +\infty$ für alle $a \in \mathbb{R}$ und $-\infty < +\infty$, so ist $(\bar{\mathbb{R}}, \leq)$ eine geordnete Menge. Aufgrund topologischer Überlegungen können wir unter Verzicht auf die entsprechenden Grenzwertsätze vereinbaren, dass die Folge $\{n\}_{n \in \mathbb{N}}$ den Grenzwert $+\infty \in \bar{\mathbb{R}}$ besitzt. Für „$+\infty$" schreiben wir oft „∞".

Basis der nun zu entwickelnden Integrationstheorie ist der Begriff des Maßes.

© Springer-Verlag Berlin Heidelberg 2015
S. Schäffler, *Mathematik der Information*, Springer-Lehrbuch Masterclass,
DOI 10.1007/978-3-662-46382-6_9

Definition 9.1 (Maß, Maßraum) Sei (Ω, S) ein Messraum, so wird eine Abbildung

(M1) $\mu : S \to [0, \infty]$,

(M2) $\mu(\emptyset) = 0$,

(M3) für jede Folge $\{A_i\}_{i \in \mathbb{N}}$ paarweise disjunkter Mengen mit $A_i \in S, i \in \mathbb{N}$, gilt:

$$\mu \left(\bigcup_{i=1}^{\infty} A_i \right) = \sum_{i=1}^{\infty} \mu(A_i),$$

als **Maß** bezeichnet. Das Tripel (Ω, S, μ) heißt **Maßraum**.   ◁

Ein Wahrscheinlichkeitsmaß $\mathbb{P}$ ist immer ein spezielles Maß mit $\mathbb{P}(\Omega) = 1$. Üblicherweise beginnt man in der Integrationstheorie mit der Integration einfacher Funktionen.

Definition 9.2 (elementare Funktionen) Sei (Ω, S) ein Messraum. Eine S-$\mathcal{B}$-messbare Funktion

$$e : \Omega \to \mathbb{R}$$

heißt **elementare Funktion**, falls sie nur endlich viele verschiedene Funktionswerte annimmt.   ◁

Eine spezielle elementare Funktion ist die Indikatorfunktion

$$I_A : \Omega \to \mathbb{R}, \quad \omega \mapsto \begin{cases} 1 & \text{falls } \omega \in A \\ 0 & \text{sonst} \end{cases},$$

die anzeigt, ob ω Element einer Menge $A \in S$ ist. Mit Hilfe von Indikatorfunktionen lassen sich die elementaren Funktionen darstellen.

Theorem 9.3 (Darstellung elementarer Funktionen) *Sei (Ω, S) ein Messraum. Ist*

$$e : \Omega \to \mathbb{R}$$

eine elementare Funktion, so existieren eine natürliche Zahl n, paarweise disjunkte Mengen $A_1, \ldots, A_n \in S$ und reelle Zahlen $\alpha_1, \ldots, \alpha_n$ mit:

$$e = \sum_{i=1}^{n} \alpha_i I_{A_i}, \quad \bigcup_{i=1}^{n} A_i = \Omega.$$ ◁

Beweis Da e nur endlich viele verschiedene Funktionswerte annimmt, wählen wir n gleich der Anzahl der verschiedenen Funktionswerte von e und $\alpha_1, \ldots, \alpha_n$ setzen wir den verschiedenen Funktionswerten gleich. Da

$$\{\alpha_i\} \in \mathcal{B} \quad \text{für alle} \quad i = 1, \ldots, n$$

und da e S-$\mathcal{B}$-messbar ist, folgt

$$\{\omega \in \Omega;\, e(\omega) = \alpha_i\} =: e^{-1}(\{\alpha_i\}) \in S \quad \text{für alle} \quad i = 1, \ldots, n.$$

Ferner gilt:

$$e^{-1}(\{\alpha_i\}) \cap e^{-1}(\{\alpha_j\}) = \emptyset \quad \text{für } i \neq j$$

und

$$\bigcup_{i=1}^{n} e^{-1}(\{\alpha_i\}) = \Omega.$$

Mit

$$A_i := e^{-1}(\{\alpha_i\}), \; i = 1, \ldots, n,$$

ist der Satz bewiesen. **q.e.d.**

Die in Theorem 9.3 betrachtete Darstellung von e heißt eine **Normaldarstellung** von e. Die im Beweis von Theorem 9.3 gewählte Normaldarstellung heißt **kürzeste Normaldarstellung** von e, da alle α_i, $i = 1, \ldots, n$, paarweise verschieden angenommen werden.

Summe, Differenz und Produkt elementarer Funktionen sind elementare Funktionen. Für alle $c \in \mathbb{R}$ ist auch $c \cdot e$ eine elementare Funktion, wenn e eine elementare Funktion ist.

Nun betrachten wir nichtnegative elementare Funktionen auf einem Maßraum (Ω, S, μ) und definieren das $(\mu\text{-})$Integral dieser Funktionen.

Definition 9.4 ((μ-)Integral nichtnegativer elementarer Funktionen) Sei (Ω, S, μ) ein Maßraum und $e : \Omega \to \mathbb{R}_0^+$,

$$e = \sum_{i=1}^{n} \alpha_i I_{A_i}, \quad \alpha_i \geq 0, \quad i = 1, \ldots, n,$$

eine nichtnegative elementare Funktion in Normaldarstellung, so wird

$$\int e\, d\mu := \int_{\Omega} e\, d\mu := \sum_{i=1}^{n} \alpha_i \cdot \mu(A_i)$$

als $(\mu\text{-})$Integral von e über Ω bezeichnet. ◁

Damit $\int e\, d\mu$ wohldefiniert ist, ist natürlich zu zeigen, dass $\int e\, d\mu$ unabhängig von der Wahl der Normaldarstellung für e ist.

Theorem 9.5 (Unabhängigkeit des Integrals von der Normaldarstellung) *Sei* (Ω, S, μ) *ein Maßraum und* $e : \Omega \to \mathbb{R}_0^+$ *eine nichtnegative elementare Funktion mit den Normaldarstellungen*

$$e = \sum_{i=1}^{n} \alpha_i I_{A_i} = \sum_{j=1}^{m} \beta_j I_{B_j}, \quad \alpha_i, \beta_j \geq 0, \ i = 1, \ldots, n, \ j = 1, \ldots, m,$$

so gilt

$$\sum_{i=1}^{n} \alpha_i \cdot \mu(A_i) = \sum_{j=1}^{m} \beta_j \cdot \mu(B_j). \qquad \qquad \triangleleft$$

Beweis Da

$$\Omega = \bigcup_{i=1}^{n} A_i = \bigcup_{j=1}^{m} B_j,$$

gilt

$$A_i = \bigcup_{j=1}^{m} (A_i \cap B_j), \ i = 1, \ldots, n \ \text{und} \ B_j = \bigcup_{i=1}^{n} (B_j \cap A_i), \ j = 1, \ldots, m.$$

Somit erhalten wir

$$\mu(A_i) = \sum_{j=1}^{m} \mu(A_i \cap B_j), \ i = 1, \ldots, n, \ \text{und}$$

$$\mu(B_j) = \sum_{i=1}^{n} \mu(B_j \cap A_i), \ j = 1, \ldots, m.$$

Es gilt also:

$$\sum_{i=1}^{n} \alpha_i \mu(A_i) = \sum_{i=1}^{n} \alpha_i \sum_{j=1}^{m} \mu(A_i \cap B_j) = \sum_{\substack{i \in \{1, \ldots, n\} \\ j \in \{1, \ldots, m\}}} \alpha_i \mu(A_i \cap B_j),$$

$$\sum_{j=1}^{m} \beta_j \mu(B_j) = \sum_{j=1}^{m} \beta_j \sum_{i=1}^{n} \mu(B_j \cap A_i) = \sum_{\substack{i \in \{1, \ldots, n\} \\ j \in \{1, \ldots, m\}}} \beta_j \mu(A_i \cap B_j).$$

Sei nun $(A_i \cap B_j) \neq \emptyset$ für ein Indexpaar (i, j), so ist $\alpha_i = e(\omega) = \beta_j$ für alle $\omega \in (A_i \cap B_j)$. Also ist $\alpha_i = \beta_j$ für alle Indexpaare (i, j) mit $\mu(A_i \cap B_j) \neq 0$. Wir erhalten

$$\int e \, d\mu = \sum_{i=1}^{n} \alpha_i \mu(A_i) = \sum_{\substack{i \in \{1, \ldots, n\} \\ j \in \{1, \ldots, m\}}} \alpha_i \mu(A_i \cap B_j) = \sum_{j=1}^{m} \beta_j \mu(B_j). \qquad \textbf{q.e.d.}$$

Sei nun E die Menge aller nichtnegativen elementaren Funktionen bezüglich eines Maßraumes (Ω, S, μ), so erhalten wir eine Abbildung

$$\text{Int}: E \to \mathbb{R}_0^+ \cup \{\infty\}, \; e \mapsto \int e d\mu.$$

Die folgenden Eigenschaften von Int lassen sich leicht nachweisen:

(i) $\int I_A d\mu = \mu(A)$ für alle $A \in S$.
(ii) $\int (\alpha e) d\mu = \alpha \int e d\mu$ für alle $e \in E$, $\alpha \in \mathbb{R}_0^+$.
(iii) $\int (u + v) d\mu = \int u d\mu + \int v d\mu$ für alle $u, v \in E$.
(iv) Ist $u(\omega) \le v(\omega)$ für alle $\omega \in \Omega$, so ist

$$\int u d\mu \le \int v d\mu \quad \text{für alle} \quad u, v \in E.$$

Betrachtet man die Menge $\bar{\mathbb{R}}$, so bildet die Menge

$$\bar{\mathcal{B}} := \{A \in \mathcal{P}(\bar{\mathbb{R}}); \; A \cap \mathbb{R} \in \mathcal{B}\}$$

eine σ-Algebra über $\bar{\mathbb{R}}$. Um nun den Integralbegriff auf eine größere Klasse von Funktionen fortzusetzen, benötigen wir die folgende Definition.

Definition 9.6 (numerische Funktion) Eine auf einer nichtleeren Menge $A \subseteq \Omega$ definierte Funktion $f : A \to \bar{\mathbb{R}}$ heißt **numerische Funktion**.   ◁

Ausgehend von einem Maßraum (Ω, S, μ) wollen wir nun das $(\mu\text{-})$Integral für S-$\bar{\mathcal{B}}$-messbare numerische Funktionen definieren. Dazu betrachten wir die punktweise Konvergenz und die Monotonie von Funktionenfolgen.

Definition 9.7 (punktweise Konvergenz und Monotonie von Funktionenfolgen) Sei $\{f_n\}_{n \in \mathbb{N}}$ eine Folge von Funktionen

$$f_n : \Omega \to \bar{\mathbb{R}}, \quad n \in \mathbb{N}.$$

$\{f_n\}_{n \in \mathbb{N}}$ heißt **punktweise konvergent**, falls es eine Funktion $f : \Omega \to \bar{\mathbb{R}}$ gibt mit

$$\lim_{n \to \infty} f_n(\omega) = f(\omega) \quad \text{für alle} \quad \omega \in \Omega.$$

$\{f_n\}_{n \in \mathbb{N}}$ heißt **monoton steigend**, falls

$$f_n(\omega) \le f_{n+1}(\omega) \quad \text{für alle} \quad \omega \in \Omega, n \in \mathbb{N}.$$

$\{f_n\}_{n\in\mathbb{N}}$ heißt **monoton fallend**, falls

$$f_n(\omega) \geq f_{n+1}(\omega) \quad \text{für alle} \quad \omega \in \Omega, \, n \in \mathbb{N}. \qquad \lhd$$

Konvergiert eine monoton steigende Folge $\{f_n\}_{n\in\mathbb{N}}$ von Funktionen punktweise gegen f, so wird dies mit $f_n \uparrow f$ bezeichnet (für eine monoton fallende Folge: $f_n \downarrow f$).

Nun untersuchen wir mit $\bar{\mathbb{R}}_0^+ := \{x \in \mathbb{R}; \, x \geq 0\} \cup \{\infty\}$ nichtnegative numerische Funktionen, die als Grenzwert einer Folge elementarer Funktionen gegeben sind.

Theorem 9.8 (Grenzwerte von speziellen Folgen elementarer Funktionen) *Seien* (Ω, S) *ein Messraum und* $f : \Omega \to \bar{\mathbb{R}}_0^+$ *eine nichtnegative, S-$\bar{\mathcal{B}}$-messbare numerische Funktion, so gibt es eine monoton steigende Folge $\{e_n\}_{n\in\mathbb{N}}$ von nichtnegativen elementaren Funktionen*

$$e_n : \Omega \to \mathbb{R}_0^+, \quad n \in \mathbb{N},$$

mit $e_n \uparrow f$. $\qquad \lhd$

Beweis Wir betrachten für $n \in \mathbb{N}$ die nichtnegativen Funktionen

$$e_n : \Omega \to \mathbb{R}_0^+,$$

$$\omega \mapsto \sum_{k=1}^{n\cdot 2^n} \frac{k-1}{2^n} \cdot I_{\{\omega\in\Omega; \, \frac{k-1}{2^n} \leq f(\omega) < \frac{k}{2^n}\}}(\omega) + n \cdot I_{\{\omega\in\Omega; \, f(\omega)\geq n\}}(\omega).$$

Da die Intervalle $(-\infty, c)$, $c \in \mathbb{R}$, alle in $\bar{\mathcal{B}}$ liegen, folgt aus der S-$\bar{\mathcal{B}}$-Messbarkeit von f, dass mit $a, b \in \mathbb{R}$, $a < b$ die Mengen

$$\{\omega \in \Omega; \, a \leq f(\omega) < b\} =$$
$$= \{\omega \in \Omega; \, -\infty < f(\omega) < a\}^c \cap \{\omega \in \Omega; \, -\infty < f(\omega) < b\}$$

in S liegen. Somit sind die Funktionen e_n für alle $n \in \mathbb{N}$ elementar.

Für

$$\bar{\omega} \in \left\{\omega \in \Omega; \, \frac{k-1}{2^n} \leq f(\omega) < \frac{k}{2^n}\right\}, \, k = 1, \dots, n \cdot 2^n, \, n \in \mathbb{N},$$

gilt:

$$e_{n+1}(\bar{\omega}) \geq \frac{2(k-1)}{2^{n+1}} = \frac{k-1}{2^n} = e_n(\bar{\omega}),$$

da

$$\bar{\omega} \in \left\{\omega \in \Omega; \, \frac{2(k-1)}{2^{n+1}} \leq f(\omega) < \frac{2k}{2^{n+1}}\right\}.$$

Ist $f(\bar{\omega}) \geq n$, so ist auch $e_{n+1}(\bar{\omega}) \geq n = e_n(\bar{\omega})$. Somit ist $\{e_n\}_{n \in \mathbb{N}}$ monoton steigend. Sei nun $f(\bar{\omega}) < \infty$, so gilt für $f(\bar{\omega}) < n, n \in \mathbb{N}$:

$$0 \leq f(\bar{\omega}) - e_n(\bar{\omega}) < \frac{1}{2^n}$$

und somit

$$e_n(\bar{\omega}) \uparrow f(\bar{\omega}).$$

Ist $f(\bar{\omega}) = \infty$, so ist $e_n(\bar{\omega}) = n \uparrow \infty$. **q.e.d.**

Es ist wichtig festzuhalten, dass beim Beweis von Theorem 9.8 nicht nur die Existenz von $\{e_n\}_{n \in \mathbb{N}}$ gezeigt wird, sondern zu gegebenem f die Folge $\{e_n\}_{n \in \mathbb{N}}$ explizit angegeben werden kann.

Die folgende Abb. 9.1 zeigt die Approximation der Funktion

$$f : \mathbb{R} \to \mathbb{R}_0^+, \quad x \mapsto 2^x$$

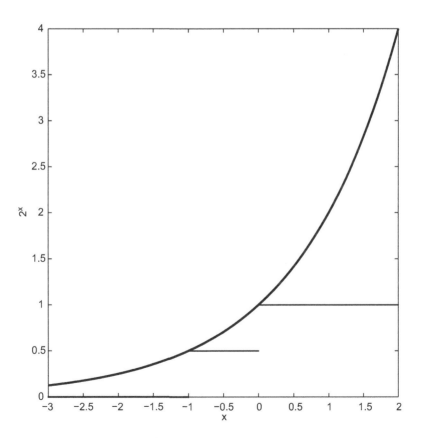

Abb. 9.1 Approximation von $x \mapsto 2^x$ mit e_1

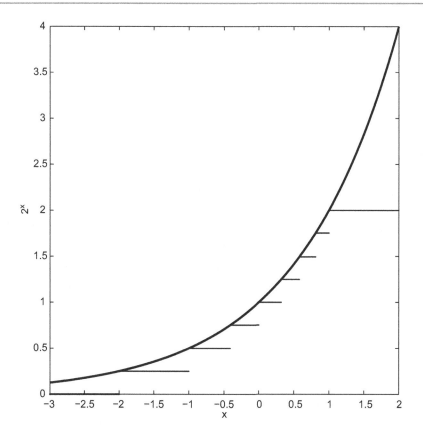

Abb. 9.2 Approximation von $x \mapsto 2^x$ mit e_2

durch

$$e_1 : \mathbb{R} \to \mathbb{R}_0^+,$$

$$x \mapsto \sum_{k=1}^{2} \frac{k-1}{2} \cdot I_{\left\{x \in \mathbb{R};\; \frac{k-1}{2} \leq 2^x < \frac{k}{2}\right\}}(x) + I_{\{x \in \mathbb{R};\; 2^x \geq 1\}}(x).$$

im Intervall $x \in [-3, 2]$, während Abb. 9.2 die Approximation der Funktion

$$f : \mathbb{R} \to \mathbb{R}_0^+, \quad x \mapsto 2^x$$

durch

$$e_2 : \mathbb{R} \to \mathbb{R}_0^+,$$

$$x \mapsto \sum_{k=1}^{8} \frac{k-1}{4} \cdot I_{\left\{x \in \mathbb{R};\; \frac{k-1}{4} \leq 2^x < \frac{k}{4}\right\}}(x) + 2 \cdot I_{\{x \in \mathbb{R};\; 2^x \geq 2\}}(x)$$

ebenfalls im Intervall $x \in [-3, 2]$ zeigt.

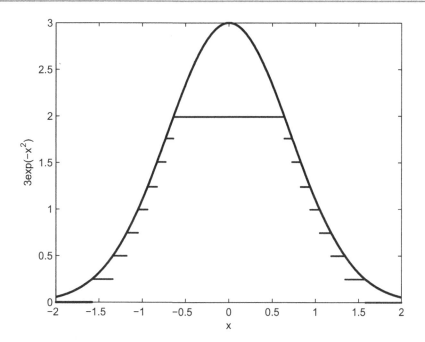

Abb. 9.3 Approximation von $x \mapsto 3e^{-x^2}$ mit e_2

Abbildung 9.3 zeigt die Approximation der Funktion

$$f : \mathbb{R} \to \mathbb{R}_0^+, \quad x \mapsto 3e^{-x^2}$$

durch

$$e_2 : \mathbb{R} \to \mathbb{R}_0^+,$$

$$x \mapsto \sum_{k=1}^{8} \frac{k-1}{4} \cdot I_{\left\{x \in \mathbb{R};\ \frac{k-1}{4} \leq 3e^{-x^2} < \frac{k}{4}\right\}}(x) + 2 \cdot I_{\left\{x \in \mathbb{R};\ 3e^{-x^2} \geq 2\right\}}(x)$$

im Intervall $x \in [-2, 2]$.

Nach diesen Vorbereitungen sind wir in der Lage, die $(\mu\text{-})$Integration auf eine spezielle Klasse von Funktionen in naheliegender Weise fortzusetzen.

Definition 9.9 ($(\mu\text{-})$Integral für S-$\bar{\mathcal{B}}$-messbare, nichtnegative numerische Funktionen) Seien (Ω, S, μ) ein Maßraum und $f : \Omega \to \bar{\mathbb{R}}_0^+$ eine S-$\bar{\mathcal{B}}$-messbare, nichtnegative numerische Funktion. Sei ferner $\{e_n\}_{n \in \mathbb{N}}$ eine monoton steigende Folge nichtnegativer elementarer Funktionen

$$e_n : \Omega \to \mathbb{R}_0^+, \quad n \in \mathbb{N} \text{ mit } e_n \uparrow f,$$

so definieren wir durch

$$\int f d\mu := \int_{\Omega} f d\mu := \lim_{n \to \infty} \int e_n d\mu$$

das (μ-)Integral von f über Ω.   ◁

Da die in Definition 9.9 betrachtete Folge $\{e_n\}_{n \in \mathbb{N}}$ durch $e_n \uparrow f$ nicht eindeutig bestimmt ist, ist das (μ-)Integral von f nur dann wohldefiniert, wenn $\int f d\mu$ unabhängig von der Wahl der Folge $\{e_n\}_{n \in \mathbb{N}}$ nichtnegativer elementarer Funktionen mit $e_n \uparrow f$ ist. Daher ist das folgende Theorem von entscheidender Bedeutung.

Theorem 9.10 ($\int f d\mu$ ist wohldefiniert) *Seien (Ω, S, μ) ein Maßraum und $f : \Omega \to \bar{\mathbb{R}}_0^+$ eine S-$\bar{\mathcal{B}}$-messbare, nichtnegative numerische Funktion, so gilt für zwei monoton steigende Folgen $\{e_n\}_{n \in \mathbb{N}}$ und $\{h_n\}_{n \in \mathbb{N}}$ von nichtnegativen elementaren Funktionen mit $e_n \uparrow f$ und $h_n \uparrow f$:*

$$\lim_{n \to \infty} \int e_n d\mu = \lim_{n \to \infty} \int h_n d\mu.$$ ◁

Für den Beweis dieses Theorems verwenden wir das folgende Lemma.

Lemma 9.11 (Ungleichungen für elementare Funktionen und ihre Integrale) *Seien (Ω, S, μ) ein Maßraum, $e : \Omega \to \mathbb{R}_0^+$ eine nichtnegative elementare Funktion und $f : \Omega \to \bar{\mathbb{R}}_0^+$ eine S-$\bar{\mathcal{B}}$-messbare, nichtnegative numerische Funktion mit $e(\omega) \leq f(\omega)$ für alle $\omega \in \Omega$. Sei ferner $\{f_n\}_{n \in \mathbb{N}}$ eine monoton steigende Folge nichtnegativer elementarer Funktionen mit $f_n \uparrow f$, so gilt:*

$$\int e d\mu \leq \lim_{n \to \infty} \int f_n d\mu.$$ ◁

Beweis Sei $e = \sum_{i=1}^{p} c_i I_{E_i}$. Wir betrachten die folgenden Mengen:

$$T := \{\omega \in \Omega; \ e(\omega) > 0\} \text{ und } A_n^{\varepsilon} := \{\omega \in \Omega; \ f_n(\omega) + \varepsilon > e(\omega)\}$$

für alle $\varepsilon > 0$ und $n \in \mathbb{N}$.

1. Fall: $\int e d\mu = +\infty$, so existiert ein $j \in \{1, \dots, p\}$ mit $\mu(E_j) = +\infty$ und $c_j > 0$. Neben

$$A_k^{\varepsilon} \cap E_j \subseteq A_{k+1}^{\varepsilon} \cap E_j \quad \text{für alle} \quad k \in \mathbb{N}$$

gilt zusätzlich

$$\bigcup_{k=1}^{\infty} (A_k^\varepsilon \cap E_j) = E_j.$$

Sei nun

$$C_1 := A_1^\varepsilon \cap E_j,$$
$$C_m := (A_m^\varepsilon \cap E_j) \setminus (C_{m-1} \cup \ldots \cup C_1) \quad \text{für alle} \quad m \in \mathbb{N}, m \geq 2,$$

so erhalten wir:

$$\lim_{k \to \infty} \mu\left(A_k^\varepsilon \cap E_j\right) = \lim_{k \to \infty} \mu\left(\bigcup_{m=1}^{k} C_m\right) = \lim_{k \to \infty} \sum_{m=1}^{k} \mu(C_m) =$$

$$= \sum_{m=1}^{\infty} \mu(C_m) = \mu\left(\bigcup_{m=1}^{\infty} C_m\right) = \mu(E_j) =$$

$$= +\infty.$$

Da

$$f_n(\omega) > e(\omega) - \varepsilon \quad \text{für alle} \quad \omega \in A_n^\varepsilon, \ n \in \mathbb{N},$$

gilt für $0 < \varepsilon < c_j$:

$$\int f_n d\mu \geq \int f_n I_{A_n^\varepsilon \cap E_j} \, d\mu \geq \int (e - \varepsilon) I_{A_n^\varepsilon \cap E_j} \, d\mu \geq$$

$$\geq (c_j - \varepsilon) \mu\left(A_n^\varepsilon \cap E_j\right) \xrightarrow{n \to \infty} +\infty.$$

2. Fall: $\int e \, d\mu < +\infty$, so zeigen wir, dass es mit $T := \{\omega \in \Omega; \ e(\omega) > 0\}$ zu jedem $\varepsilon > 0$ mit $0 < \varepsilon < \min\{c_i; c_i > 0\}$ eine natürliche Zahl $n_0(\varepsilon)$ gibt, sodass für alle $n \geq n_0(\varepsilon), n \in \mathbb{N}$, gilt:

$$\int f_n d\mu \geq \int e \cdot I_T d\mu - \varepsilon - \varepsilon \mu(T).$$

Da $\mu(T) < \infty$ und $\int e d\mu = \int e \cdot I_T d\mu$, ist unsere Behauptung mit der obigen Ungleichung bewiesen. Wegen

$$T = \left(T \cap A_n^\varepsilon\right) \cup \left(T \cap (A_n^\varepsilon)^c\right)$$

gilt für alle $n \in \mathbb{N}$:

$$\int f_n d\mu \geq \int f_n I_{T \cap A_n^\varepsilon} d\mu \geq \int (e - \varepsilon) I_{T \cap A_n^\varepsilon} d\mu = \int e I_{T \cap A_n^\varepsilon} d\mu - \varepsilon \mu\left(T \cap A_n^\varepsilon\right),$$

also

$$\int f_n d\mu \geq \int e\, I_{T \cap A_n^\varepsilon} d\mu - \varepsilon \mu(T) = \int e\, I_T d\mu - \int e\, I_{T \cap (A_n^\varepsilon)^c} d\mu - \varepsilon \mu(T).$$

Da

$$T \cap (A_n^\varepsilon)^c = \{\omega \in \Omega;\ e(\omega) \geq f_n(\omega) + \varepsilon > 0\},$$

läßt sich die Existenz eines $n_0(\varepsilon)$ mit

$$\int e \cdot I_{T \cap (A_n^\varepsilon)^c} d\mu < \varepsilon \quad \text{für alle } n \geq n_0(\varepsilon)$$

nachweisen.   **q.e.d.**

Nun sind wir in der Lage, einen sehr kurzen Beweis für Theorem 9.10 zu führen.

Beweis (von Theorem 9.10) Aus $e_n \uparrow f$ und $h_n \uparrow f$ folgt für jedes feste $k \in \mathbb{N}$, dass

$$f = \lim_{n \to \infty} e_n \geq h_k.$$

Somit ist nach Lemma 9.11

$$\lim_{n \to \infty} \int e_n d\mu \geq \int h_k d\mu \quad \text{für alle } k \in \mathbb{N}$$

und mit $k \to \infty$:

$$\lim_{n \to \infty} \int e_n d\mu \geq \lim_{k \to \infty} \int h_k \, d\mu.$$

Da aber auch $f = \lim_{k \to \infty} h_k \geq e_n$ für alle $n \in \mathbb{N}$ gilt, folgt ebenfalls mit Lemma 9.11

$$\lim_{n \to \infty} \int e_n d\mu \leq \lim_{k \to \infty} \int h_k d\mu. \qquad\qquad \textbf{q.e.d.}$$

Die folgende Definition dient dazu, die Definition des (μ-)Integrals auf eine größere Klasse von Funktionen zu erweitern.

Definition 9.12 (Positivteil, Negativteil einer numerischen Funktion) Seien (Ω, S) ein Messraum und $f : \Omega \to \bar{\mathbb{R}}$ eine S-$\bar{\mathcal{B}}$-messbare numerische Funktion, so wird die Funktion

$$f^+ : \Omega \to \bar{\mathbb{R}}_0^+, \quad \omega \mapsto \begin{cases} f(\omega) & \text{falls } f(\omega) \geq 0 \\ 0 & \text{sonst} \end{cases}$$

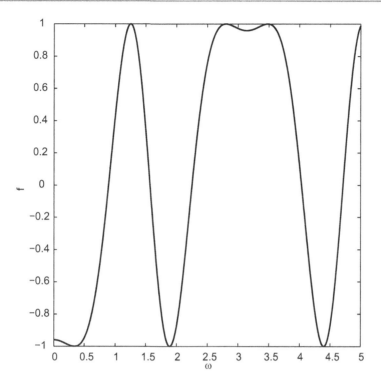

Abb. 9.4 Funktion f

Positivteil von f und die Funktion

$$f^- : \Omega \to \bar{\mathbb{R}}_0^+, \quad \omega \mapsto \begin{cases} -f(\omega) & \text{falls } f(\omega) \leq 0 \\ 0 & \text{sonst} \end{cases}$$

Negativteil von f genannt. ◁

Die folgenden Eigenschaften von f^+ und f^- sind unmittelbar einzusehen (siehe Abb. 9.4, 9.5 und 9.6):

(i) $f^+(\omega) \geq 0$, $f^-(\omega) \geq 0$ für alle $\omega \in \Omega$.
(ii) f^+ und f^- sind S-$\bar{\mathcal{B}}$-messbare numerische Funktionen.
(iii) $f = f^+ - f^-$.

Mit Hilfe des Positiv- und Negativteils einer messbaren numerischen Funktion $f :$ $\Omega \to \bar{\mathbb{R}}$ können wir das (μ-)Integral auf messbare numerische Funktionen erweitern.

Definition 9.13 ((μ-)integrierbar, (μ-)quasiintegrierbar, (μ-)Integral) Seien (Ω, S, μ) ein Maßraum und $f : \Omega \to \bar{\mathbb{R}}$ eine S-$\bar{\mathcal{B}}$-messbare numerische Funktion.

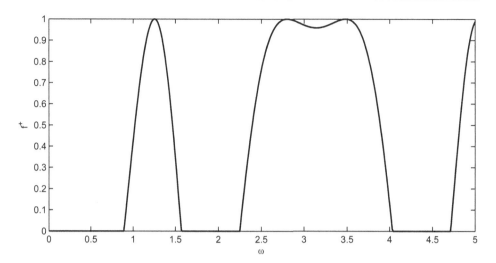

Abb. 9.5 Positivteil f^+ von f

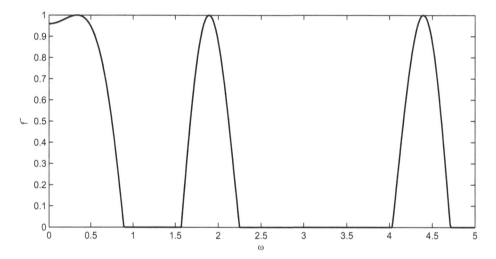

Abb. 9.6 Negativteil f^- von f

f heißt (μ-)integrierbar, falls $\int f^+ d\mu < \infty$ und $\int f^- d\mu < \infty$.
f heißt (μ-)quasiintegrierbar, falls $\int f^+ d\mu < \infty$ oder $\int f^- d\mu < \infty$.
Ist f (μ-)quasiintegrierbar, so ist durch

$$\int f d\mu := \int_\Omega f d\mu := \int f^+ d\mu - \int f^- d\mu$$

das (μ-)Integral von f über Ω definiert.   ◁

Wegen Theorem 9.10 ist $\int f d\mu$ wohldefiniert. Als $(\mu\text{-})$Integral über einer Menge $A \in S$ definieren wir für $(\mu\text{-})$quasiintegrierbares $f \cdot I_A$:

$$\int_A f d\mu := \int f \cdot I_A d\mu.$$

Betrachtet man speziell den Messraum $(\mathbb{R}^n, \mathcal{B}^n)$, $n \in \mathbb{N}$, so gibt es ein eindeutiges Maß

$$\lambda^n : \mathcal{B}^n \to [0, \infty]$$

mit

$$\lambda^n((a_1, b_1] \times \ldots \times (a_n, b_n]) = \prod_{i=1}^{n} (b_i - a_i), \quad a_j < b_j, \ j = 1, \ldots, n,$$

(zum Beweis siehe etwa [Klenke05]). Dieses Maß wird als **Lebesgue-Maß** bezeichnet. Ferner wird das $(\lambda^n\text{-})$Integral als Lebesgue-Integral bezeichnet. Ist f $(\lambda^n\text{-})$integrierbar, so heißt f Lebesgue-integrierbar.

9.2 Dichten

Sei (Ω, S, μ) ein Maßraum und sei ferner eine S-$\mathcal{B}$-messbare Funktion

$$f : \Omega \to \mathbb{R}_0^+ \quad \text{mit} \quad \int f d\mu = 1$$

gegeben, so erhalten wir ein Wahrscheinlichkeitsmaß $\mathbb{P}$ auf S durch

$$\mathbb{P}_f : S \to [0, 1], \quad A \mapsto \int_A f d\mu.$$

Die Funktion f wird als **Dichte** bzw. **Dichtefunktion** von $\mathbb{P}_f$ bezüglich μ bezeichnet. Der für die Anwendungen interessanteste Fall bezieht sich auf den Maßraum $(\mathbb{R}^n, \mathcal{B}^n, \lambda^n)$, $n \in \mathbb{N}$. Da jede stetige Funktion

$$f : \mathbb{R}^n \to \mathbb{R}_0^+$$

$\mathcal{B}^n$-$\mathcal{B}$-messbar ist, ist durch jede stetige Funktion

$$f : \mathbb{R}^n \to \mathbb{R}_0^+ \quad \text{mit} \quad \int f d\lambda^n = 1$$

ein Wahrscheinlichkeitsmaß $\mathbb{P}_f$ auf $\mathcal{B}^n$ gegeben. Wählt man zum Beispiel die Mengen

$$(a_1, b_1] \times \ldots \times (a_n, b_n] \in \mathcal{B}^n, \quad a_j < b_j, \; j = 1, \ldots, n,$$

so kann man die entsprechenden Wahrscheinlichkeiten durch Riemann-Integration

$$\mathbb{P}_f((a_1, b_1] \times \ldots \times (a_n, b_n]) = \int\limits_{a_1}^{b_1} \ldots \int\limits_{a_n}^{b_n} f(x_1, \ldots, x_n) dx_1 \ldots dx_n$$

berechnen. Betrachten wir nun die Entropie von $(\mathbb{R}^n, \mathcal{B}^n, \mathbb{P}_f)$: Zu $m \in \mathbb{N}, m > 1$, gibt es Intervalle

$$I_1 = (-\infty, \xi_1], \; I_2 = (\xi_1, \xi_2], \; \ldots, \; I_m = (\xi_{m-1}, \infty)$$

mit

$$\int\limits_{I_j \times \mathbb{R}^{n-1}} f d\lambda^n = \int\limits_{I_j} \int\limits_{-\infty}^{\infty} \cdots \int\limits_{-\infty}^{\infty} f(x_1, \ldots, x_n) dx_1 \ldots dx_n = \frac{1}{m}, \quad j = 1, \ldots, m.$$

Wegen

$$-\sum_{j=1}^{m} \mathbb{P}_f(I_j \times \mathbb{R}^{n-1}) \, \mathrm{ld}(\mathbb{P}_f(I_j \times \mathbb{R}^{n-1})) = \mathrm{ld}(m)$$

gilt

$$\mathbb{S}_{\mathbb{P}_f} \geq \mathrm{ld}(m) \quad \text{für jedes} \quad m \in \mathbb{N}$$

und deshalb

$$\mathbb{S}_{\mathbb{P}_f} = \infty.$$

Die in Definition 7.3 eingeführte Shannon-Entropie ist bei Wahrscheinlichkeitsmaßen

$$\mathbb{P}_f : \mathcal{B}^n \to [0, 1], \quad A \mapsto \int\limits_A f d\lambda^n$$

somit im Allgemeinen nicht hilfreich. Daher betrachtet man in diesen Fällen die differentielle Entropie.

9.3 Differentielle Entropie

Die nun zu definierende differentielle Entropie dient dazu, Wahrscheinlichkeitsmaße, die durch Dichten gegeben sind, informationstheoretisch miteinander zu vergleichen.

Definition 9.14 (differentielle Entropie) Seien (Ω, S, μ) ein Maßraum und $f : \Omega \to \mathbb{R}_0^+$ eine Dichtefunktion bezüglich μ. Sei ferner die Funktion

$$\eta : \Omega \to \mathbb{R}, \quad \omega \mapsto f(\omega)\,\mathrm{ld}(f(\omega)) \quad \text{(zur Erinnerung: } 0 \cdot \mathrm{ld}(0) := 0)$$

$(\mu\text{-})$quasiintegrierbar, so wird

$$\mathbb{S}_f := -\int \eta\, d\mu$$

als **differentielle Entropie** von f bezeichnet. ◁

Die S-$\mathcal{B}$-Messbarkeit von $\eta = f \cdot (\mathrm{ld} \circ f)$ ist durch die S-$\mathcal{B}$-Messbarkeit von f (Dichtefunktion) und durch die Stetigkeit der Funktion ld gewährleistet. Für $(\mathbb{R}, \mathcal{B}, \lambda)$, $a > 0$ und

$$f_a : \mathbb{R} \to \mathbb{R}_0^+, \quad x \mapsto \begin{cases} \frac{1}{a} & \text{falls } 0 \le x \le a \\ 0 & \text{sonst} \end{cases}$$

gilt offensichtlich

$$\mathbb{S}_{f_a} = -\int_0^a \frac{1}{a}\,\mathrm{ld}\left(\frac{1}{a}\right) dx = \mathrm{ld}(a).$$

Im Gegensatz zur Shannon-Entropie kann die differentielle Entropie auch negative Werte annehmen.

Seien nun (Ω, S, μ) ein Maßraum und $f, g : \Omega \to \mathbb{R}_0^+$ zwei Dichtefunktionen bezüglich μ. Seien ferner die Funktionen

$$\eta_1 : \Omega \to \mathbb{R}, \quad \omega \mapsto f(\omega)\,\mathrm{ld}(f(\omega))$$

und

$$\eta_2 : \Omega \to \mathbb{R}, \quad \omega \mapsto g(\omega)\,\mathrm{ld}(g(\omega))$$

$(\mu\text{-})$quasiintegrierbar, so kann man die beiden differentielle Entropien $\mathbb{S}_f$ und $\mathbb{S}_g$ verwenden, um die mittlere Informationsmenge der Wahrscheinlichkeitsräume $(\Omega, S, \mathbb{P}_f)$ und

$(\Omega, S, \mathbb{P}_g)$ miteinander zu vergleichen. Somit wäre die mittlere Informationsmenge des Wahrscheinlichkeitsraumes $(\Omega, S, \mathbb{P}_{f_2})$ mit

$$\mathbb{P}_{f_2} : \mathcal{B} \to [0,1], \quad A \mapsto \int\limits_{A \cap [0,2]} \frac{1}{2} d\lambda = \frac{1}{2}\lambda(A \cap [0,2])$$

größer als die mittlere Informationsmenge des Wahrscheinlichkeitsraumes $(\Omega, S, \mathbb{P}_{f_1})$ mit

$$\mathbb{P}_{f_1} : \mathcal{B} \to [0,1], \quad A \mapsto \int\limits_{A \cap [0,1]} 1 d\lambda = \lambda(A \cap [0,1]),$$

da

$$0 = \mathbb{S}_{f_1} < \mathbb{S}_{f_2} = 1.$$

Dies leuchtet ein, wenn man bedenkt, dass einerseits für $A \in \mathcal{B}$ gilt:

$$\mathbb{P}_{f_1}(A) > 0 \quad \Longrightarrow \quad \mathbb{P}_{f_2}(A) > 0$$

und dass andererseits für alle Mengen

$$M \subseteq (1, \infty) \quad \text{mit} \quad M \in \mathcal{B} \quad \text{und} \quad \lambda(M \cap (1,2]) > 0$$

gilt:

$$0 = \mathbb{P}_{f_1}(M) < \mathbb{P}_{f_2}(M).$$

Für die Shannon-Entropie erhalten wir:

$$\mathbb{S}_{\mathbb{P}_{f_1}} = \mathbb{S}_{\mathbb{P}_{f_2}} = \infty.$$

Im Folgenden untersuchen wir die Maximierung der differentiellen Entropie unter Nebenbedingungen analog zu Kap. 4. Da nun die Ausgangslage weitaus komplizierter ist als bei diskreten Systemen, betrachten wir die Fragestellung nicht in voller Allgemeinheit, sondern nur in einem Rahmen, der ohne Variationsrechnung auskommt. Dazu benötigen wir das folgende Lemma.

Lemma 9.15 (Gibbsche Ungleichung) *Seien (Ω, S, μ) ein Maßraum und $f, g : \Omega \to \mathbb{R}^+$ zwei Dichtefunktionen bezüglich μ mit positiven Funktionswerten. Seien ferner die Funktionen*

$$\eta_f : \Omega \to \mathbb{R}, \quad \omega \mapsto f(\omega)\,\mathrm{ld}(f(\omega))$$
$$\eta_{fg} : \Omega \to \mathbb{R}, \quad \omega \mapsto f(\omega)\,\mathrm{ld}(g(\omega))$$

(μ-)*quasiintegrierbar, so gilt:*

$$-\int \eta_f \, d\mu \le -\int \eta_{fg} \, d\mu.$$ ◁

Beweis Die erforderlichen Messbarkeitseigenschaften der Funktionen η_f, η_{fg} sind – wie bereits erwähnt – durch die Stetigkeit der Funktion ld und durch die S-$\mathcal{B}$-Messbarkeit von f und g gewährleistet. Sei $x_0 \in (0, \infty)$, so repräsentiert die Funktion

$$t_{x_0} : \mathbb{R} \to \mathbb{R}, \quad x \mapsto \frac{1}{x_0 \ln(2)} x + \mathrm{ld}(x_0) - \frac{1}{\ln(2)}$$

die Tangente an den Graphen von ld im Punkt $(x_0, \mathrm{ld}(x_0))$. Da ld eine strikt konkave Funktion ist, gilt für jedes $x_0 \in (0, \infty)$:

$$\mathrm{ld}(x) \le t_{x_0}(x) \quad \text{für alle} \quad x \in (0, \infty).$$

Wählen wir nun $x_0 = 1$, so folgt:

$$\mathrm{ld}(x) \le \frac{1}{\ln(2)} x - \frac{1}{\ln(2)} \quad \text{für alle} \quad x \in (0, \infty).$$

Sei nun

$$x = \frac{p}{q} \quad \text{mit} \quad p > 0, \ q > 0,$$

so ergibt die obige Ungleichung:

$$q - q \,\mathrm{ld}(q) \ln(2) \le p - q \,\mathrm{ld}(p) \ln(2) \quad \text{mit} \quad p > 0, \ q > 0.$$

Setzen wir

$$q = f(\omega) \quad \text{und} \quad p = g(\omega),$$

so gilt

$$f(\omega) - f(\omega) \,\mathrm{ld}(f(\omega)) \ln(2) \le g(\omega) - f(\omega) \,\mathrm{ld}(g(\omega)) \ln(2) \quad \text{für alle} \quad \omega \in \Omega.$$

Nun wird die rechte und die linke Seite dieser Ungleichung (μ-)integriert. Wie bei der Integration von elementaren Funktionen bleibt dabei die Ungleichung erhalten und wegen

$$\int f \, d\mu = \int g \, d\mu = 1$$

folgt die Behauptung.   **q.e.d.**

Seien im Folgenden ein Maßraum (Ω, S, μ), reelle Zahlen $a_1, \ldots, a_k$, $k \in \mathbb{N}$, und S-$\mathcal{B}$-messbare Funktionen

$$g_i : \Omega \to \mathbb{R}, \quad i = 1, \ldots, k,$$

mit folgenden Eigenschaften gegeben:

(1) Die S-$\mathcal{B}$-messbare Funktion

$$h : \Omega \to \mathbb{R}, \quad \omega \mapsto \exp\left(\sum_{i=1}^{k} a_i g_i(\omega)\right)$$

ist (μ-)integrierbar (und damit $0 < \int h \, d\mu < \infty$).

(2) Mit der Dichte

$$d^* : \Omega \to \mathbb{R}^+, \quad \omega \mapsto \frac{h(\omega)}{\int h \, d\mu}$$

gilt:

$$\int d^* g_i \, d\mu = b_i \in \mathbb{R}, \quad i = 1 \ldots, k,$$

so betrachten wir die Menge

$$\mathcal{D} := \big\{ d : \Omega \to \mathbb{R}^+; \quad d \text{ ist eine Dichte bez. } \mu,$$
$$\eta_d : \Omega \to \mathbb{R}, \omega \mapsto d(\omega) \, \mathrm{ld}(d(\omega))$$
$$\text{und}$$
$$\eta_{dd^*} : \Omega \to \mathbb{R}, \quad \omega \mapsto d(\omega) \, \mathrm{ld}(d^*(\omega))$$
$$\text{sind } (\mu\text{-})\text{quasiintegrierbar}\big\}$$

und das Maximierungsproblem

$$\max_{d \in \mathcal{D}} \left\{ -\int \eta_d \, d\mu; \int d g_1 \, d\mu = b_1 \right.$$

$$\vdots$$

$$\left. \int d g_k \, d\mu = b_k \right\}$$

Die Gibbsche Ungleichung liefert:

$$-\int \eta_d \, d\mu \leq -\int \eta_{dd^*} \, d\mu =$$

$$= -\int \left(-d \, \mathrm{ld}\left(\int h \, d\mu\right) \right) d\mu - \frac{1}{\ln(2)} \int \left(d \cdot \sum_{i=1}^{k} a_i g_i \right) d\mu =$$

$$= \mathrm{ld}\left(\int h d\mu\right) - \frac{1}{\ln(2)} \sum_{i=1}^{k} a_i \int d g_i d\mu =$$

$$= \mathrm{ld}\left(\int h d\mu\right) - \frac{1}{\ln(2)} \sum_{i=1}^{k} a_i b_i =$$

$$= -\int \eta_{d^*} d\mu.$$

und damit die Lösung d^*.

Beispiel 9.16   Unter Verwendung des Maßraumes $([0, \infty), \mathcal{B}_{[0,\infty)}, \lambda_{[0,\infty)})$ mit

$$\mathcal{B}_{[0,\infty)} := \{A \cap [0, \infty); \ A \in \mathcal{B}\} \quad \text{und} \quad \lambda_{[0,\infty)} : \mathcal{B}_{[0,\infty)} \to \mathbb{R}_0^+, \ A \mapsto \lambda(A)$$

betrachten wir die Funktion

$$g : [0, \infty) \to \mathbb{R}, \quad x \mapsto -x.$$

Die Funktion

$$h : \mathbb{R} \to \mathbb{R}, \quad x \mapsto \exp(a g(x))$$

ist für alle $a > 0$ ($\lambda_{[0,\infty)}$-)integrierbar und es gilt:

$$\int (\exp \circ (a g)) d\lambda_{[0,\infty)} = \int_{0}^{\infty} \exp(-a x) dx = \frac{1}{a}.$$

Somit ist

$$d^* : \mathbb{R} \to \mathbb{R}^+, \quad x \mapsto a \exp(-a x)$$

die Dichte mit maximaler differentieller Entropie unter allen Dichten aus

$$\mathcal{D} := \Big\{ d : \mathbb{R} \to \mathbb{R}^+; \quad d \text{ ist eine Dichte bez. } \lambda_{[0,\infty)},$$

$$\eta_d : \mathbb{R} \to \mathbb{R}, x \mapsto d(x) \mathrm{ld}(d(x))$$
$$\text{und}$$
$$\eta_{dd^*} : \mathbb{R} \to \mathbb{R}, x \mapsto d(x) \mathrm{ld}(d^*(x))$$

$$\text{sind } (\lambda_{[0,\infty)}\text{-)quasiintegrierbar} \Big\}$$

unter der Nebenbedingung

$$\int f g \, d\lambda_{[0,\infty)} = \int d^* g \, d\lambda_{[0,\infty)} \left(= \int\limits_0^\infty -x d^*(x) dx = -\frac{1}{a} \right) \quad \text{für alle } f \in \mathcal{D}.$$

Die Dichten d^*, $a > 0$, repräsentieren die **Exponentialverteilungen**.   ◁

Beispiel 9.17 (Globale Optimierung) Seien $n \in \mathbb{N}$, $\Omega = [-1,1]^n$ und

$$\mathcal{B}_{[-1,1]^n}^n := \{A \cap [-1,1]^n; \ A \in \mathcal{B}^n\},$$

dann ist mit

$$\lambda_{[-1,1]^n}^n : \mathcal{B}_{[-1,1]^n}^n \to \mathbb{R}_0^+, \quad M \mapsto \lambda^n(M)$$

das Tripel $\left([-1,1]^n, \mathcal{B}_{[-1,1]^n}^n, \lambda_{[-1,1]^n}^n\right)$ ein Maßraum. Da mit

$$g_n : [-1,1]^n \to \mathbb{R}, \quad \mathbf{x} \mapsto \sum_{i=1}^n (4x_i^2 - \cos(8x_i) + 1)$$

die Funktion

$$h_n : [-1,1]^n \to \mathbb{R}, \quad \mathbf{x} \mapsto \exp(-g_n(\mathbf{x}))$$

$(\lambda_{[-1,1]^n}^n$-)integrierbar ist, ist

$$d_n^* : [-1,1]^n \to \mathbb{R}^+, \quad \mathbf{x} \mapsto \frac{\exp(-g_n(\mathbf{x}))}{\int (\exp \circ (-g_n)) d\lambda_{[-1,1]^n}^n}$$

die Dichte mit maximaler differentieller Entropie unter allen Dichten aus

$$\mathcal{D} := \Big\{ d : [-1,1]^n \to \mathbb{R}^+; \ d \text{ ist eine Dichte bez. } \lambda_{[-1,1]^n}^n,$$

$$\eta_d : [-1,1]^n \to \mathbb{R}, \mathbf{x} \mapsto d(\mathbf{x}) \, \mathrm{ld}(d(\mathbf{x}))$$
$$\text{und}$$
$$\eta_{dd^*} : [-1,1]^n \to \mathbb{R}, \mathbf{x} \mapsto d(\mathbf{x}) \, \mathrm{ld}(d^*(\mathbf{x}))$$

$$\text{sind } (\lambda_{[-1,1]^n}^n\text{-})\text{quasiintegrierbar}\Big\}$$

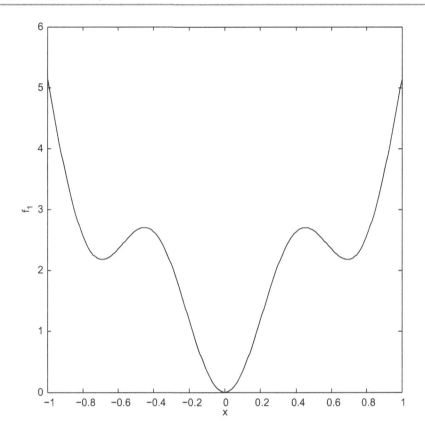

Abb. 9.7 Funktion f_1

unter der Nebenbedingung

$$\int dg_n \, d\lambda^n_{[-1,1]^n} = \int d^*_n g_n \, d\lambda^n_{[-1,1]^n} \quad \text{für alle } d \in \mathcal{D}.$$

Will man nun durch lokale Verfahren der nichtlinearen Optimierung, die eine endliche Folge von Punkten mit streng monoton fallenden Funktionswerten erzeugen (siehe dazu etwa [UlUl12]), die globale Minimalstelle von g_n berechnen, so liegen ideale Startpunkte hierfür im Gebiet $[-0.4, 0.4]^n$ (siehe Abb. 9.7 für $n = 1$).

Da Informationen dieser Art im Allgemeinen nicht a priori zur Verfügung stehen, wählt man häufig rein zufällig Startpunkte aus dem Definitionsbereich (hier also $[-1, 1]^n$) durch Pseudozufallszahlen; in unserem Beispiel trifft man mit einer Wahrscheinlichkeit $p = 0.4^n$ in besagtes Gebiet. Würde man Pseudozufallszahlen gemäß einer Verteilung, die durch die Dichte d^*_n gegeben ist, verwenden (siehe etwa d^*_1 in Abb. 9.8), so wäre

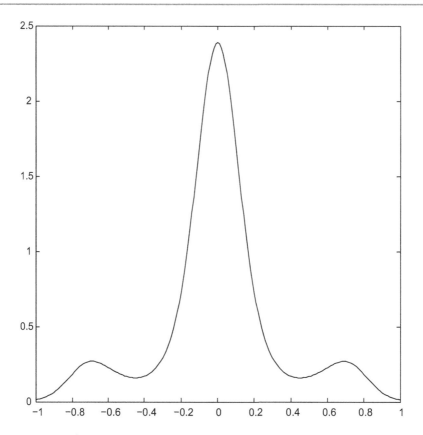

Abb. 9.8 Dichte d_1^*

die Wahrscheinlichkeit, in das gewünsche Gebiet $[-0.4, 0.4]^n$ zu treffen, näherungsweise gegeben durch

$$\hat{p} \approx 0.8^n \, (= 2^n \cdot 0.4^n).$$

Die Verwendung der Verteilung gegeben durch d_n^* erhöht also die Trefferwahrscheinlichkeit im Vergleich zur reinen Zufallssuche in unserem Beispiel um den Faktor 2^n. Die folgenden Abb. 9.9 und 9.10 zeigen g_2 und d_2^* und verdeutlichen diesen Effekt.

Durch Verwendung stochastischer Differentialgleichungen ist es nun möglich, die Maximierung der differentiellen Entropie im Rechner zu simulieren und somit die Dichte d_n^* für die nichtlineare Optimierung nutzbar zu machen (siehe [Sch14]). Diese Vorgehensweise funktioniert für eine große Klasse von zu minimierenden Funktionen.   ◁

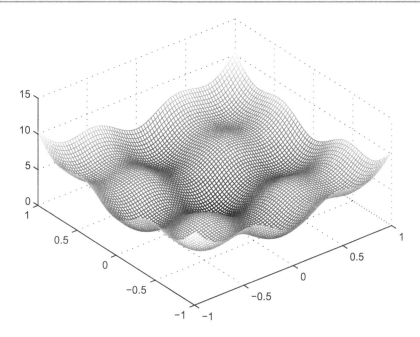

Abb. 9.9 Funktion g_2

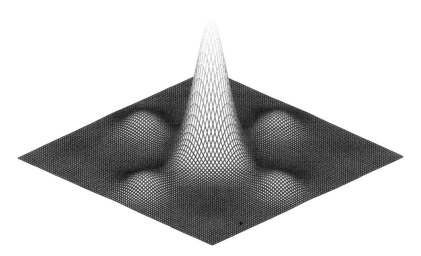

Abb. 9.10 Dichte d_2^*

9.4 Differentielle Entropie in dynamischen Systemen

Eine wichtige Anwendung der differentiellen Entropie ist durch die Analyse dynamischer Systeme gegeben. Ist also (Ω, d) ein kompakter metrischer Raum und

$$T : \Omega \to \Omega$$

eine $\mathcal{B}_d$-$\mathcal{B}_d$-messbare Abbildung, wobei $\mathcal{B}_d$ die von den offenen Teilmengen von Ω (offen bezüglich der Metrik d) erzeugte σ-Algebra darstellt (der Index ist jetzt notwendig, weil wir im Folgenden – bezeichnet mit $\mathcal{B}$ – die Borelsche σ-Algebra über $\mathbb{R}$ benötigen), so erhalten wir das dynamische System $(\Omega, \mathcal{B}_d, T)$. Ferner setzten wir die Existenz eines Maßes

$$\mu : \mathcal{B}_d \to [0, \infty)$$

voraus, sodass

$$\mu(A) = 0 \quad \Longrightarrow \quad \mu(T^{-1}(A)) = 0 \quad \text{für alle} \quad A \in \mathcal{B}_d.$$

Ist diese Bedingung erfüllt, so wird T als **nichtsingulär** bezüglich μ bezeichnet (offensichtlich ist T nichtsingulär bezüglich jedes invarianten Maßes).

Die Aufgabe besteht nun darin, eine $\mathcal{B}_d$-$\bar{\mathcal{B}}$-messbare Funktion

$$f : \Omega \to \mathbb{R}_0^+ \cup \{\infty\}$$

mit folgenden Eigenschaften zu finden:

(i)
$$\int f d\mu = 1.$$

(ii) Das Wahrscheinlichkeitsmaß

$$\mathbb{P}_f : \mathcal{B}_d \to [0, 1], \quad A \mapsto \int_A f d\mu$$

    ist ein invariantes Maß.

Gesucht ist also ein invariantes Maß $\mathbb{P}_f$, das durch eine Dichte f (allerdings mit möglichen Funktionswerten gleich ∞) bezüglich μ gegeben ist. Die differentielle Entropie von f kann dann als wichtige charakteristische Größe des dynamischen Systems verwendet werden.

Zur Lösung dieser Fragestellung betrachtet man die Menge

$$L_\mu^1 := \left\{ g : \Omega \to \mathbb{R}_0^+ \cup \{\infty\}; \ g \text{ ist } \mathcal{B}_d\text{-}\bar{\mathcal{B}}\text{-messbar und } \int g d\mu = 1 \right\}.$$

Zunächst ist festzuhalten, dass mit jeder Funktion $h \in L_\mu^1$ durch

$$\mathbb{P}^h : \mathcal{B}_d \to [0,1], \quad A \mapsto \int_{T^{-1}(A)} h d\mu$$

ein Wahrscheinlichkeitsmaß auf $\mathcal{B}_d$ gegeben ist. Nun stellt sich die Frage nach der Existenz einer Funktion $\hat{h} \in L_\mu^1$ derart, dass sich das Wahrscheinlichkeitsmaß $\mathbb{P}^h$ in der Form

$$\mathbb{P}^h : \mathcal{B}_d \to [0,1], \quad A \mapsto \int_A \hat{h} d\mu = \int_{T^{-1}(A)} h d\mu$$

schreiben lässt. Da T nichtsingulär bezüglich μ ist, kann man unter einer speziellen Bedingung an μ (der sogenannten σ-Endlichkeit) einen wichtigen Satz der Maß- und Integrationstheorie, den Satz von Radon-Nikodym (siehe [Klenke05]) verwenden, der gerade die Existenz von $\hat{h}$ garantiert; gibt es eine zweite Funktion $h_1 \in L_\mu^1$ mit

$$\mathbb{P}^h(A) = \int_A h_1 d\mu = \int_{T^{-1}(A)} h d\mu \quad \text{für alle } A \in \mathcal{B}_d,$$

so weiß man ebenfalls aus dem Satz von Radon-Nikodym, dass es eine Menge $N \in \mathcal{B}_d$ gibt mit $\mu(N) = 0$ und

$$\hat{h}(\omega) = h_1(\omega) \quad \text{für alle} \quad \omega \in N^c \quad \text{(Gleichheit } \mu\text{-fast überall)}.$$

Ist also μ σ-endlich, d. h. gibt es eine Folge $\{B_i\}_{i\in\mathbb{N}}$ von Mengen aus $\mathcal{B}_d$ mit

$$\mu(B_i) < \infty, i \in \mathbb{N}, \quad \text{und} \quad \bigcup_{i=1}^{\infty} B_i = \Omega,$$

so existiert eine Abbildung

$$\mathfrak{F} : L_\mu^1 \to L_\mu^1 \quad \text{mit} \quad \int_A \mathfrak{F}(h) d\mu = \int_{T^{-1}(A)} h d\mu \quad \text{für alle} \quad A \in \mathcal{B}_d.$$

Die Abbildung $\mathfrak{F}$ wird als **Frobenius-Perron-Operator** bezeichnet und zum Beispiel in [LasMac95] und [DingZhou09] genauer untersucht. Da wir ein invariantes Maß

$$\mathbb{P}_f : \mathcal{B}_d \to [0,1], \quad A \mapsto \int_A f d\mu$$

mit $f \in L^1_\mu$ suchen, ist nun offensichtlich, dass wir zu diesem Zweck einen Fixpunkt

$$\mathfrak{F}(f) = f$$

des Frobenius-Perron-Operators zu suchen haben.

Beispiel 9.18 *(logistische Transformation)* Kehren wir zurück zum dynamischen System

$$([0,1], \mathcal{B}_d, T)$$

mit

$$T : [0,1] \to [0,1], \quad x \mapsto 4x(1-x) \quad \text{(logistische Transformation)},$$

wobei die Metrik wie bei reellen Zahlen üblich durch

$$d : [0,1] \times [0,1] \to \mathbb{R}, \quad (x,y) \mapsto |x-y|$$

gegeben ist, so ist das Lebesgue-Maß $\lambda_{[0,1]}$ eingeschränkt auf das Intervall $[0,1]$ offensichtlich σ-endlich. Betrachten wir nun den Frobenius-Perron-Operator

$$\mathfrak{F} : L^1_{\lambda_{[0,1]}} \to L^1_{\lambda_{[0,1]}} \quad \text{mit} \quad \int\limits_A \mathfrak{F}(h) d\lambda_{[0,1]} = \int\limits_{T^{-1}(A)} h \, d\lambda_{[0,1]} \quad \text{für alle} \quad A \in \mathcal{B}_d,$$

so gilt wegen

$$T^{-1}([0,x]) = \left[0, \frac{1}{2} - \frac{1}{2}\sqrt{1-x}\right] \cup \left[\frac{1}{2} + \frac{1}{2}\sqrt{1-x}, 1\right] \quad \text{für} \quad x \in [0,1]$$

und mit

$$f_0 : [0,1] \to \mathbb{R}^+_0 \cup \{\infty\}, \quad \omega \mapsto 1 :$$

$$f_1 := \mathfrak{F}(f_0) : [0,1] \to \mathbb{R}^+_0 \cup \{\infty\}, \quad \omega \mapsto \begin{cases} \frac{1}{2\sqrt{1-\omega}} & \text{falls } 0 \le \omega < 1 \\ \infty & \text{falls } \omega = 1 \end{cases}$$

(siehe Abb. 9.11), während

$$f_2 := \mathfrak{F}(f_1) : [0,1] \to \mathbb{R}^+_0 \cup \{\infty\},$$

$$\omega \mapsto \begin{cases} \frac{\sqrt{2}}{8\sqrt{1-\omega}} \left(\frac{1}{\sqrt{1+\sqrt{1-\omega}}} + \frac{1}{\sqrt{1-\sqrt{1-\omega}}} \right) & \text{falls } 0 < \omega < 1 \\ \infty & \text{falls } \omega = 0 \\ \infty & \text{falls } \omega = 1 \end{cases}$$

(siehe Abb. 9.12).

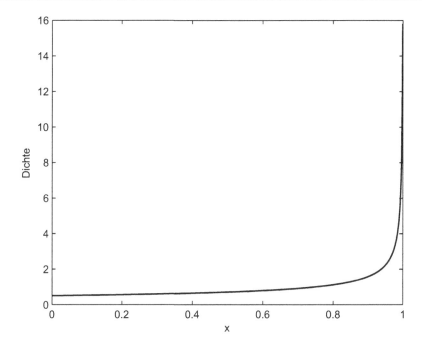

Abb. 9.11 Funktion f_1

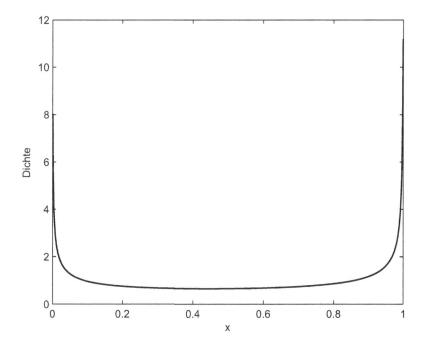

Abb. 9.12 Funktion f_2

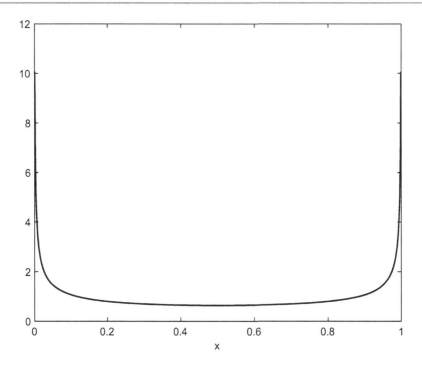

Abb. 9.13 Funktion f

In [UlNeu47] wurde das gesuchte invariante Maß gegeben durch

$$f = \mathfrak{F}(f) : [0,1] \to \mathbb{R}_0^+ \cup \{\infty\}, \quad \omega \mapsto \begin{cases} \frac{1}{\pi \sqrt{\omega(1-\omega)}} & \text{falls } 0 < \omega < 1 \\ \infty & \text{falls } \omega = 0 \\ \infty & \text{falls } \omega = 1 \end{cases}$$

berechnet (siehe Abb. 9.13).   ◁

Nun betrachten wir – motiviert durch Beispiel 9.18 – die Fixpunktiteration

$$f_{n+1} = \mathfrak{F}(f_n), \quad n \in \mathbb{N}_0,$$

zu einem dynamischen System $(\Omega, \mathcal{B}_d, T)$ mit σ-endlichem Maß μ auf $\mathcal{B}_d$, einer bezüglich μ nichtsingulären Transformation T und dem entsprechenden Frobenius-Perron-
Operator $\mathfrak{F}$.

Die nun folgenden Überlegungen dienen dazu, einen kleinen Einblick in die Analyse
von Dichten in dynamischen Systemen zu geben und ein Gefühl für die Komplexität der
Fragestellung zu entwickeln. Eine erschöpfenden Behandlung dieser Fragestellung würde
ein eigenes Buch füllen, ohne dabei die tiefliegenden funktionalanalytischen Voraussetzungen behandelt zu haben.

Um die Existenz und Eindeutigkeit eines Fixpunktes f des Frobenius-Perron-Operators nachweisen zu können und um die Konvergenz der Folge $\{f_n\}_{n \in \mathbb{N}_0}$ untersuchen zu können, benötigt man zusätzliche Voraussetzungen an das dynamische System; wir betrachten hier nur ein klassisches Szenario:

Sei $(\Omega, \mathcal{B}_d, T)$ ein dynamisches System, μ ein σ-endliches Maß auf $\mathcal{B}_d$ und T nichtsingulär bezüglich μ; sei ferner T bezüglich μ **ergodisch**, d. h.

$$\mu(A) = 0 \quad \text{oder} \quad \mu(A^c) = 0 \quad \text{für alle} \quad A \in \mathcal{B}_d \text{ mit } A = T^{-1}(A),$$

so gibt es höchstens einen Fixpunkt f des Frobenius-Perron-Operators $\mathfrak{F}$ (siehe [LasMac95]). Die Bedingung der Ergodizität bedeutet wieder, dass es unmöglich ist, das dynamische System durch zwei T-invariante Mengen $A_1, A_2 \in \mathcal{B}_d$ mit

$$A_1 \cup A_2 = \Omega \quad \text{und} \quad \mu(A_1) > 0 \text{ sowie } \mu(A_2) > 0$$

in zwei dynamische Systeme

$$(A_1, \{M \cap A_1; \ M \in \mathcal{B}_d\}, T_{|A_1}) \quad \text{und} \quad (A_2, \{M \cap A_1; \ M \in \mathcal{B}_d\}, T_{|A_2})$$

aufzuteilen und separat zu untersuchen.

Um nun die Existenz eines Fixpunktes f beweisen zu können, untersucht man die **Cesàro-Mittel**

$$\frac{1}{k} \sum_{i=0}^{k-1} \mathfrak{F}^i(g), \quad k \in \mathbb{N}, \quad g \in L^1_\mu,$$

wobei

$$\mathfrak{F}^i(g) := \mathfrak{F}(\mathfrak{F}^{i-1}(g)) \quad \text{und} \quad \mathfrak{F}^0(g) := g, \quad i \in \mathbb{N}, \quad g \in L^1_\mu.$$

Nach dem **Ergodensatz von Kakutani-Yoshida** existiert ein Fixpunkt f, falls es ein $h \in L^1_\mu$ gibt derart, dass es zu

$$\left\{ \frac{1}{k} \sum_{i=0}^{k-1} \mathfrak{F}^i(h) \right\}_{k \in \mathbb{N}}$$

eine in L^1_μ schwach konvergente Teilfolge gibt (siehe dazu erneut [LasMac95]). Der Grenzwert ist dann gerade durch den Fixpunkt f gegeben. Ist dies der Fall, so gilt:

$$\lim_{k \to \infty} \int \left| \frac{1}{k} \sum_{i=0}^{k-1} \mathfrak{F}^i(h) - f \right| d\mu = 0$$

(Theorem 5.1.1 in [DingZhou09]).

Da die logistische Transformation

$$([0, 1], \mathcal{B}_d, T) \quad \text{mit} \quad \mu = \lambda_{[0,1]}$$

alle eben vorgestellten Voraussetzungen erfüllt, sind die in Beispiel 9.18 dokumentierten Resultate naheliegend.

Bedingte Erwartungen

10.1 Existenz und Eindeutigkeit

Bei der Untersuchung suffizienter Statistiken in Abschn. 5.1 spielten bedingte Wahrscheinlichkeiten

$$\mathbb{P}^B : \mathcal{P}(\Omega) \to [0, 1], \ A \mapsto \frac{\mathbb{P}(A \cap B)}{\mathbb{P}(B)}$$

eine wichtige Rolle. Die dafür notwendige Voraussetzung $\mathbb{P}(B) > 0$ war bei den dabei zugrundegelegten diskreten Wahrscheinlichkeitsräumen unkritisch. Um nun die Frage nach suffizienten Statistiken im Rahmen allgemeiner Wahrscheinlichkeitsräume untersuchen zu können, ist eine Verallgemeinerung der bisher betrachteten bedingten Wahrscheinlichkeiten nötig. Ausgehend von einem Wahrscheinlichkeitsraum $(\Omega, S, \mathbb{P})$ betrachten wir dazu eine numerische, ($\mathbb{P}$-)integrierbare Zufallsvariable

$$X : \Omega \to \bar{\mathbb{R}}.$$

Das Integral

$$\mathbb{E}(X) := \int X d\mathbb{P}$$

wird als **Erwartungswert** von X bezeichnet. Die Abbildung

$$Y : \Omega \to \bar{\mathbb{R}}, \quad \omega \mapsto \mathbb{E}(X)$$

ist für jede σ-Algebra $\mathcal{G}$ über Ω $\mathcal{G}$-$\bar{\mathcal{B}}$-messbar. Somit ist $\{\emptyset, \Omega\}$ die kleinste aller σ-Algebren $\mathcal{G}$ über Ω, für die Y $\mathcal{G}$-$\bar{\mathcal{B}}$-meßbar ist, und es gilt:

$$\int\limits_A Y d\mathbb{P} = \int\limits_A X d\mathbb{P} \quad \text{für alle } A \in \{\emptyset, \Omega\}.$$

© Springer-Verlag Berlin Heidelberg 2015
S. Schäffler, *Mathematik der Information*, Springer-Lehrbuch Masterclass,
DOI 10.1007/978-3-662-46382-6_10

Ist nun X ebenfalls $\{\emptyset, \Omega\}$-$\bar{\mathcal{B}}$-messbar, so existiert eine Menge $N \in S$ mit $\mathbb{P}(N) = 0$ (eine sogenannte $\mathbb{P}$-Nullmenge) und es gilt

$$X(\omega) = \mathbb{E}(X) = Y(\omega) \quad \text{für alle } \omega \in N^c.$$

Eine andere Schreibweise dafür lautet:

$$X = \mathbb{E}(X) = Y \quad \mathbb{P}\text{-fast sicher}$$

(analog dazu verwenden wir diese Schreibweise ganz allgemein für Aussagen, die für alle ω aus dem Komplement einer $\mathbb{P}$-Nullmenge richtig sind). Beim Übergang von X zu Y bleibt die Verteilung von X erhalten. Ist aber X nicht $\{\emptyset, \Omega\}$-$\bar{\mathcal{B}}$-messbar, so haben wir beim Übergang von X zu Y das Wissen über die Verteilung von X auf den Erwartungswert von X reduziert. Diese Reduktion wollen wir folgendermaßen quantifizieren:

Ist $\mathcal{F}$ die Menge aller σ-Algebren über Ω derart, dass X für alle $C \in \mathcal{F}$ C-$\bar{\mathcal{B}}$-messbar ist, so ist bekanntlich

$$\sigma(X) := \bigcap_{C \in \mathcal{F}} C$$

die kleinste σ-Algebra über Ω, für die X C-$\bar{\mathcal{B}}$-messbar ist. Selbstverständlich gilt $\{\emptyset, \Omega\} \subseteq \sigma(X)$. Ist nun $\{\emptyset, \Omega\} = \sigma(X)$, so haben wir kein Wissen verloren. Der Verlust an Wissen beim Übergang von X zu Y (bezüglich der Verteilung von X) wächst mit der Anzahl der Mengen $A \in \sigma(X)$, $A \notin \{\emptyset, \Omega\}$. Wir verwenden also σ-Algebren (in unserem Beispiel $\{\emptyset, \Omega\}$ und $\sigma(X)$), um diesen Verlust zu charakterisieren. Diese Vorgehensweise erinnert an die Ausführungen am Ende von Abschn. 7.2.

Im Folgenden betrachten wir den umgekehrten Weg, indem wir uns eine Reduktion der Kenntnis über die Verteilung von X in Form einer σ-Algebra $C \subseteq S$ über Ω vorgeben und eine C-$\bar{\mathcal{B}}$-meßbare numerische Zufallsvariable $Y : \Omega \to \bar{\mathbb{R}}$ betrachten, für die gilt:

$$\int_A Y \, d\mathbb{P} = \int_A X \, d\mathbb{P} \quad \text{für alle } A \in C.$$

Theorem und Definition 10.1 (Bedingte Erwartung) *Seien $(\Omega, S, \mathbb{P})$ ein Wahrscheinlichkeitsraum und X eine numerische, $(\mathbb{P}\text{-})$integrierbare Zufallsvariable, dann existiert zu jeder σ-Algebra $C \subseteq S$ über Ω eine C-$\bar{\mathcal{B}}$-messbare numerische Zufallsvariable*

$$Y : \Omega \to \bar{\mathbb{R}}$$

mit:

$$\int_A Y \, d\mathbb{P} = \int_A X \, d\mathbb{P} \quad \text{für alle } A \in C.$$

Für zwei C-$\bar{\mathcal{B}}$-messbare numerische Zufallsvariablen

$$Y, Y_1 : \Omega \to \bar{\mathbb{R}},$$

die die obige Gleichung erfüllen, gilt

$$Y = Y_1 \quad \mathbb{P}\text{-fast sicher.}$$

Jede C-$\bar{\mathcal{B}}$-messbare numerische Zufallsvariable

$$Z : \Omega \to \bar{\mathbb{R}},$$

*für die $\mathbb{P}$-fast sicher $Z = Y$ gilt, wird mit $\mathbb{E}(X|C)$ bezeichnet und heißt die **bedingte Erwartung** von X unter C. Daher ist die Zufallsvariable $\mathbb{E}(X|C)$ bis auf $\mathbb{P}$-fast sichere Gleichheit eindeutig festgelegt. Ein fest gewähltes Z nennt man Version von $\mathbb{E}(X|C)$.* ◁

Der Beweis besteht im Wesentlichen aus der Anwendung des bereits erwähnten Satzes von Radon-Nikodym (siehe [Klenke05]).

Ausgehend von einem Wahrscheinlichkeitsraum $(\Omega, S, \mathbb{P})$ und einem Messraum (Ω', S') untersuchen wir nun eine $\mathbb{P}$-integrierbare numerische Zufallsvariable

$$X : \Omega \to \bar{\mathbb{R}}$$

und $n \in \mathbb{N}$ Zufallsvariablen

$$Z_1, \ldots, Z_n : \Omega \to \Omega'.$$

Mit $\sigma(Z_1, \ldots, Z_n)$ bezeichnen wir die kleinste unter allen σ-Algebren C über Ω, für die die Zufallsvariablen $Z_1, \ldots, Z_n$ C-S'-messbar sind. Interessiert man sich nun für die bedingte Erwartung $\mathbb{E}(X|\sigma(Z_1, \ldots, Z_n))$, so schreibt man dafür $\mathbb{E}(X|Z_1, \ldots, Z_n)$.

Unter den Voraussetzungen von Satz und Definition 10.1 ergeben sich die folgenden Eigenschaften bedingter Erwartungen:

(i) $\mathbb{E}(\mathbb{E}(X|C)) = \mathbb{E}(X)$.
(ii) Ist X C-$\bar{\mathcal{B}}$-messbar, so folgt $\mathbb{E}(X|C) = X$ $\mathbb{P}$-fast sicher.
(iii) Ist $X(\omega) = \alpha \in \mathbb{R}$ für alle $\omega \in \Omega$, so gilt $\mathbb{E}(X|C) = \alpha$ $\mathbb{P}$-fast sicher.

Ist nun $Z : \Omega \to \bar{\mathbb{R}}$ eine weitere $\mathbb{P}$-integrierbare numerische Zufallsvariable, so erhalten wir:

(1) Für alle $\alpha, \beta \in \mathbb{R}$ mit

$$\alpha X + \beta Z : \Omega \to \bar{\mathbb{R}} \quad (\text{d. h. nicht } „\infty - \infty“)$$

gilt:
$$\mathbb{E}(\alpha X + \beta Z|C) = \alpha \mathbb{E}(X|C) + \beta \mathbb{E}(Z|C) \quad \mathbb{P}\text{-fast sicher,}$$

(2) Sei nun $X \leq Z$ $\mathbb{P}$-fast sicher, dann gilt:

$$\mathbb{E}(X|C) \leq \mathbb{E}(Z|C) \quad \mathbb{P}\text{-fast sicher.}$$

Besonders wichtig ist die in der folgenden Definition festgelegte Klasse von bedingten Erwartungen.

Definition 10.2 (bedingte Wahrscheinlichkeit) Seien $(\Omega, S, \mathbb{P})$ ein Wahrscheinlichkeitsraum und A eine beliebige Menge aus der σ-Algebra S, dann wird für jede σ-Algebra $C \subseteq S$ die bedingte Erwartung $\mathbb{E}(I_A|C)$ als bedingte Wahrscheinlichkeit bezeichnet und in der Form $\mathbb{P}(A|C)$ dargestellt, wobei bekanntlich

$$I_A : \Omega \to \mathbb{R}, \quad \omega \mapsto \begin{cases} 1 & \text{falls } \omega \in A \\ 0 & \text{sonst} \end{cases}. \qquad \lhd$$

Wir werden im Folgenden einen Zusammenhang zwischen Wahrscheinlichkeitsmaßen

$$\mathbb{P}^B : S \to [0, 1], \; A \mapsto \frac{\mathbb{P}(A \cap B)}{\mathbb{P}(B)}, \quad \mathbb{P}(B) > 0, \, B \in S$$

und speziellen bedingten Wahrscheinlichkeiten im Sinne von Definition 10.2 herstellen. Dieser Zusammenhang ist die Begründung für die gewählten Begriffe „bedingte Erwartung" bzw. „bedingte Wahrscheinlichkeit".

Lemma 10.3 (Faktorisierungslemma) *Seien (Ω', S') ein Messraum, Ω eine nichtleere Menge, $Y : \Omega \to \Omega'$ eine Abbildung und $Z : \Omega \to \bar{\mathbb{R}}$ eine numerische Funktion. Bezeichnen wir mit $\sigma(Y)$ die kleinste aller σ-Algebren C über Ω, für die Y C-S'-messbar ist, so ist Z genau dann $\sigma(Y)$-$\bar{\mathcal{B}}$-messbar, wenn es eine S'-$\bar{\mathcal{B}}$-messbare numerische Funktion $g : \Omega' \to \bar{\mathbb{R}}$ mit $Z = g \circ Y$ gibt.* $\qquad \lhd$

Beweis Da Y $\mathcal{P}(\Omega)$-$\bar{\mathcal{B}}$-messbar ist, ist die Existenz von $\sigma(Y)$ gesichert. Ist $Z = g \circ Y$, so ist Z als Hintereinanderschaltung einer $\sigma(Y)$-S'-messbaren und einer S'-$\bar{\mathcal{B}}$-messbaren Abbildung $\sigma(Y)$-$\bar{\mathcal{B}}$-messbar. Den Beweis für die Umkehrung unterteilen wir in 3 Teile:

(1) Sei $Z = \sum_{i=1}^{n} \alpha_i I_{A_i}$ mit $\alpha_i \in \mathbb{R}_0^+$ und $A_i \in \sigma(Y)$ für alle $i = 1, \ldots, n$, dann gibt es zu jeder Menge A_i eine Menge $A_i' \in S'$ mit $Y^{-1}(A_i') = A_i, i = 1, \ldots, n$. Somit leistet $g = \sum_{i=1}^{n} \alpha_i I_{A_i'}$ das Verlangte.

(2) Sei nun $Z(\omega) \geq 0$ für alle $\omega \in \Omega$, dann gibt es eine monoton steigende Folge $\{e_k\}_{k \in \mathbb{N}}$ nichtnegativer elementarer Funktionen $e_k : \Omega \to \mathbb{R}_0^+$ mit $e_k \uparrow Z$. Nach Teil (1) existiert zu jeder Funktion $e_k, k \in \mathbb{N}$, eine nichtnegative, elementare Funktion $g_k : \Omega' \to \mathbb{R}_0^+$ mit $e_k = g_k \circ Y$. Da $Z = \sup_{k \in \mathbb{N}}\{e_k\}$, leistet $g := \sup_{k \in \mathbb{N}}\{g_k\}$ das Verlangte.

(3) Für allgemeines Z betrachten wir Z^+ und Z^-. Nach Teil (2) gibt es zwei nichtnegative numerische Funktionen $g', g'' : \Omega' \to \bar{\mathbb{R}}_0^+$ mit

$$Z^+ = g' \circ Y \quad \text{und} \quad Z^- = g'' \circ Y.$$

Nun können wir nicht zur Differenz von g' und g'' übergehen, da auf der Menge

$$U' := \{\omega' \in \Omega';\ g'(\omega') = \infty \wedge g''(\omega') = \infty\}$$

diese Differenz nicht definiert ist. Da aber

$$Z(\omega) = Z^+(\omega) - Z^-(\omega) = g'(Y(\omega)) - g''(Y(\omega)) \quad \text{für alle } \omega \in \Omega,$$

ist $Y(\Omega) \cap U' = \emptyset$. Somit leistet

$$g:\ \Omega' \to \bar{\mathbb{R}}, \quad \omega' \mapsto \begin{cases} g'(\omega') - g''(\omega') & \text{für } \omega' \in U'^c \\ 0 & \text{sonst} \end{cases}$$

das Verlangte. **q.e.d.**

Nun betrachten wir unseren Wahrscheinlichkeitraum $(\Omega, S, \mathbb{P})$, eine $(\mathbb{P}\text{-})$integrierbare numerische Zufallsvariable $X:\ \Omega \to \bar{\mathbb{R}}$, einen Messraum (Ω', S') und eine Zufallsvariable $Y:\ \Omega \to \Omega'$. Mit

$$\mathbb{E}(X|Y):\Omega \to \mathbb{R}$$

bezeichnen wir eine reelle Version der bedingten Erwartung von X unter $\sigma(Y)$. Da die reelle Zufallsvariable $\mathbb{E}(X|Y)$ $\sigma(Y)$-$\mathcal{B}$-messbar ist, gibt es nach dem Faktorisierungslemma (Lemma 10.3) eine – von der gewählten Version $\mathbb{E}(X|Y)$ abhängige – S'-$\mathcal{B}$-messbare reelle Funktion $g:\Omega' \to \mathbb{R}$ mit

$$\mathbb{E}(X|Y) = g \circ Y.$$

Diese Funktion g ist bis auf $\mathbb{P}_Y$-Nullmengen eindeutig bestimmt. Wir wollen im Folgenden voraussetzen, dass es ein $\hat{\omega}' \in \Omega'$ gibt mit $\{\hat{\omega}'\} \in S'$ und

$$\mathbb{P}(\{\omega \in \Omega;\ Y(\omega) = \hat{\omega}'\}) > 0.$$

Mit

$$B := \{\omega \in \Omega;\ Y(\omega) = \hat{\omega}'\}$$

erhalten wir

$$\int_B g \circ Y\, d\mathbb{P} = \int g(\hat{\omega}') \cdot I_B\, d\mathbb{P} = g(\hat{\omega}') \cdot \mathbb{P}(B)$$

und

$$\int\limits_B g \circ Y \, d\mathbb{P} = \int\limits_B \mathbb{E}(X|Y) \, d\mathbb{P} = \int\limits_B X \, d\mathbb{P}.$$

Somit gilt:

$$\mathbb{E}(X|Y)(\omega) = g(\hat{\omega}') = \frac{1}{\mathbb{P}(B)} \int\limits_B X \, d\mathbb{P} = \int X \, d\mathbb{P}^B =: \mathbb{E}(X|Y = \hat{\omega}') \text{ für alle } \omega \in B.$$

Hat die Zufallsvariable X die spezielle Form $X = I_A$, $A \in S$, so gilt:

$$\mathbb{E}(I_A|Y)(\omega) = \mathbb{P}(A|Y)(\omega) = \int I_A \, d\mathbb{P}^B = \mathbb{P}^B(A) =: \mathbb{P}(A|Y = \hat{\omega}') \text{ für alle } \omega \in B.$$

Die Begriffe „bedingte Erwartung" und „bedingte Wahrscheinlichkeit" werden gerecht-
fertigt durch:

$$\mathbb{E}(X|Y)(\omega) = \int X \, d\mathbb{P}^B \quad \text{und} \quad \mathbb{P}(A|Y)(\omega) = \mathbb{P}^B(A) \quad \text{für alle } \omega \in B$$

und für alle reellen Versionen $\mathbb{E}(X|Y)$.

Definition 10.4 (bedingte Erwartung unter $Y = y$) Seien $(\Omega, S, \mathbb{P})$ ein Wahrscheinlichkeitsraum, (Ω', S') ein Messraum,

$$X : \Omega \to \bar{\mathbb{R}}$$

eine ($\mathbb{P}$-)integrierbare numerische Zufallsvariable, $Y : \Omega \to \Omega'$ eine Zufallsvariable und
$g \circ Y$ eine reelle Version von $\mathbb{E}(X|Y)$ mit $g : \Omega' \to \mathbb{R}$, dann heißt mit $y := Y(\hat{\omega})$ für
$\hat{\omega} \in \Omega$ die reelle Zahl

$$\mathbb{E}(X|Y = y) := g(y) = (g \circ Y)(\hat{\omega})$$

die bedingte Erwartung von X unter $Y = y$.   ◁

Da wir nun mit der bedingten Erwartung für Indikatorfunktionen eine geeignete Verallgemeinerung bedingter Wahrscheinlichkeiten zur Verfügung haben, können wir im folgenden Abschnitt die Frage nach suffizienten Statistiken allgemeiner behandeln. Die konkrete
Berechnung einer Version einer bedingten Erwartung hängt stets vom speziell betrachteten
Fall ab. Eine allgemein anwendbare Methode gibt es nicht.

10.2 Suffizienz

In Abschn. 5.1 sind wir von folgender Ausgangssituation ausgegangen:

Gegeben ist ein Tripel $(\Omega, \mathcal{P}(\Omega), \mathbb{P}_\theta)$ bestehend aus einer nichtleeren abzählbaren Grundmenge Ω, einer nichtleeren Menge Θ sowie einer Menge

$$\{\mathbb{P}_\theta; \theta \in \Theta\}$$

von Wahrscheinlichkeitsmaßen auf $\mathcal{P}(\Omega)$; ferner ist ein beobachtetes Ergebnis $\hat\omega \in \Omega$ des Zufallsexperiments mit $\mathbb{P}_\theta(\{\hat\omega\}) > 0$ für alle $\theta \in \Theta$ gegeben. Die Tatsache, dass die bedingten Wahrscheinlichkeiten

$$\mathbb{P}_\theta^{\{\hat\omega\}} : \mathcal{P}(\Omega) \to [0,1], \quad A \mapsto \frac{\mathbb{P}_\theta(\{\hat\omega\} \cap A)}{\mathbb{P}_\theta(\{\hat\omega\})} = \begin{cases} 1 & \text{falls } \hat\omega \in A \\ 0 & \text{falls } \hat\omega \notin A \end{cases}, \quad \theta \in \Theta$$

nicht von θ abhängen, interpretierten wir dahingehend, dass die Kenntnis von $\hat\omega$ genügt, um eine Entscheidung über $\theta \in \Theta$ zu treffen. Dies führte zur Definition einer suffizienten Statistik

$$T : \Omega \to \tilde\Omega$$

für θ: Für alle

$$F = \{\omega \in \Omega; \, T(\omega) = \tilde\omega\}, \quad \tilde\omega \in \tilde\Omega,$$

gilt:

(1) $\mathbb{P}_\theta(F) > 0$ für alle $\theta \in \Theta$,
(2) $\mathbb{P}_\theta^F(A)$ hängt für alle $A \in \mathcal{P}(\Omega)$ nicht von $\theta \in \Theta$ ab.

Da für eine Menge $(\Omega, S, \mathbb{P}_\theta)$, $\theta \in \Theta$, von nicht mehr notwendig diskreten Wahrscheinlichkeitsräumen die Voraussetzung $\mathbb{P}(F) > 0$ für das bedingte Wahrscheinlichkeitsmaß $\mathbb{P}^F$ problematisch ist, sind wir nun auf die folgende naheliegende Modifikation angewiesen.

Definition 10.5 (suffiziente Statistik, allgemeiner Fall) Seien Θ eine nichtleere Menge und $(\Omega, S, \mathbb{P}_\theta)$ für jedes $\theta \in \Theta$ ein Wahrscheinlichkeitsraum. Seien ferner (Ω', S') ein Messraum und

$$T : \Omega \to \Omega'$$

eine S-S'-messbare Abbildung, dann heißt T **suffiziente Statistik** für θ, falls es für jedes Ereignis $A \in S$ eine von $\theta \in \Theta$ unabhängige Version

$$\mathbb{P}_\bullet(A|T)$$

der bedingten Wahrscheinlichkeit $\mathbb{P}_\theta(A|T) = \mathbb{E}_\theta(I_A|T)$ gibt.   ◁

Wir wissen bereits, dass

$$\mathbb{P}_\theta(A|T)(\omega) = \mathbb{P}_\theta^{\{\omega \in \Omega;\, T(\omega) = \hat{\omega}'\}}(A),$$

falls

$$\mathbb{P}_\theta(\{\omega \in \Omega;\, T(\omega) = \hat{\omega}'\}) > 0.$$

Daher ist Definition 10.5 verträglich mit Definition 5.4.

Nun betrachten wir ein Szenario, das für Anwendungen relevant ist. Basierend auf den Wahrscheinlichkeitsräumen

$$(\mathbb{R}^n, \mathcal{B}^n, \mathbb{P}_\theta), \quad \theta \in \Theta, n \in \mathbb{N}$$

nehmen wir an, dass die Wahrscheinlichkeitsmaße $\mathbb{P}_\theta$ für jedes $\theta \in \Theta$ jeweils durch eine Dichte

$$f_\theta : \mathbb{R}^n \to \mathbb{R}_0^+$$

bezüglich λ^n gegeben ist. Betrachten wir nun eine Zufallsvariable

$$T : \mathbb{R}^n \to \mathbb{R},$$

so ist aus der mathematischen Statistik bekannt (siehe etwa [CasBer01]), dass T suffizient für θ ist, falls sich die Dichten f_θ folgendermaßen darstellen lassen:

$$f_\theta : \mathbb{R}^n \to \mathbb{R}_0^+, \quad \mathbf{x} \mapsto g_\theta(T(\mathbf{x}))h(\mathbf{x}), \quad \theta \in \Theta,$$

mit entsprechenden Funktionen $g_\theta : \mathbb{R} \to \mathbb{R}$ und $h : \mathbb{R}^n \to \mathbb{R}$.

Beispiel 10.6 *(Normalverteilung)* Seien $(\mathbb{R}^n, \mathcal{B}^n, \mathbb{P}_\theta), n \in \mathbb{N}$, Wahrscheinlichkeitsräume,

$$\theta \in \mathbb{R} =: \Theta,$$

und seien die Wahrscheinlichkeitsmaße $\mathbb{P}_\theta$ für jedes $\theta \in \mathbb{R}$ jeweils durch die Dichte

$$f_\theta : \mathbb{R}^n \to \mathbb{R}^+, \quad (x_1, \ldots, x_n) \mapsto \prod_{i=1}^n \frac{e^{-\frac{(x_i-\theta)^2}{2}}}{\sqrt{2\pi}}$$

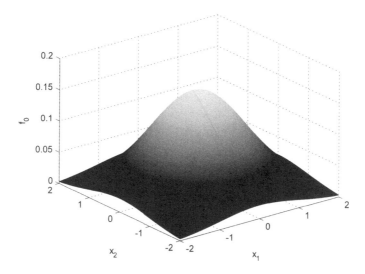

Abb. 10.1 Dichte f_0, $n = 2$

bezüglich λ^n gegeben, so ist

$$T : \mathbb{R}^n \to \mathbb{R}, \quad (x_1, \ldots, x_n) \mapsto \frac{1}{n} \sum_{i=1}^{n} x_i$$

eine suffiziente Statistik für θ, da für alle $\theta \in \mathbb{R}$ und $\mathbf{x} \in \mathbb{R}^n$ gilt:

$$\prod_{i=1}^{n} \frac{e^{-\frac{(x_i - \theta)^2}{2}}}{\sqrt{2\pi}} = \underbrace{\frac{1}{(\sqrt{2\pi})^n} \exp\left(-\frac{n(T(\mathbf{x}) - \theta)^2}{2}\right)}_{=:g_\theta(T(\mathbf{x}))} \cdot \underbrace{\exp\left(-\frac{\sum_{i=1}^{n}(x_i - T(\mathbf{x}))^2}{2}\right)}_{h(\mathbf{x})}.$$

Speichert man also statt $\mathbf{x} \in \mathbb{R}^n$ nur $T(\mathbf{x}) \in \mathbb{R}$, so verliert man dadurch keine Information über $\theta \in \mathbb{R}$. Aus der Stochastik (etwa [Klenke05]) ist bekannt, dass die Bildmaße $\mathbb{P}_{\theta,T}$ der Zufallsvariablen T durch die Dichten

$$f_{\theta,T} : \mathbb{R} \to \mathbb{R}^+, \quad x \mapsto \frac{e^{-\frac{n(x-\theta)^2}{2}}}{\sqrt{\frac{2\pi}{n}}}$$

gegeben sind.

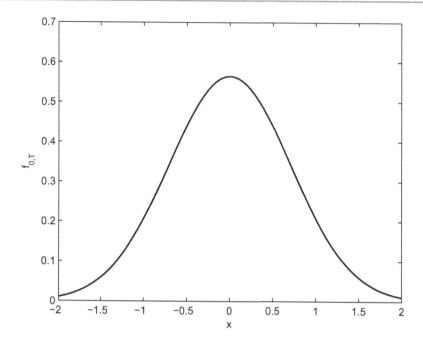

Abb. 10.2 Dichte $f_{0,T}$, $n = 2$

Vergleicht man nun die differentiellen Entropien der Dichten f_θ und $f_{\theta,T}$, so ergibt sich:

$$-\int f_\theta \operatorname{ld}(f_\theta) d\lambda^n = n \frac{\operatorname{ld}(2\pi e)}{2},$$

$$-\int f_{\theta,T} \operatorname{ld}(f_{\theta,T}) d\lambda = \frac{\operatorname{ld}\left(\frac{2\pi e}{n}\right)}{2}.$$

Auch der Vergleich dieser beiden Zahlen zeigt, wie viel Information beim Übergang von $\mathbf{x} \in \mathbb{R}^n$ zu $T(\mathbf{x}) \in \mathbb{R}$ gespart werden kann, ohne Information über $\theta \in \mathbb{R}$ zu verlieren. Für $n = 100$ gilt zum Beispiel:

$$-\int f_\theta \operatorname{ld}(f_\theta) d\lambda^{100} \approx 100 \cdot 2.047 = 204.7 > -\int f_{\theta,T} \operatorname{ld}(f_{\theta,T}) d\lambda \approx -1.27.$$

Die Abb. 10.1 und 10.2 zeigen für $n = 2$ die Dichten f_0 und $f_{0,T}$ (also $\theta = 0$).   ◁

Literatur

[Ash65]   Ash, R.B.: *Information Theory*. Dover, New York (1965).

[Bau92]   Bauer, H.: *Maß- und Integrationstheorie*. de Gruyter, Berlin New York (1992).

[Bill65]   Billingsley, P.: *Ergodic Theory and Information*. John Wiley & Sons, New York, London, Sidney (1965).

[Buch10]   Buchmann, J.: *Einführung in die Kryptographie*. Springer, Berlin Heidelberg New York (2010).

[CasBer01]   Casella, G.; Berger, R.L.: *Statistical Inference*. Duxbury Press, Pacific Grove, CA (2001).

[CovTho91]   Cover, T.M.; Thomas, J.A.: *Elements of Information Theory*. Wiley & Sons, New York, Chichester, Brisbane, Toronto, Singapore (1991).

[Denker05]   Denker, M.: *Einführung in die Analysis dynamischer Systeme*. Springer, Berlin Heidelberg New York (2005).

[DingZhou09]   Ding, J.; Zhou A.: *Statistical Properties of Deterministic Systems*. Springer, Berlin Heidelberg New York (2009).

[Down11]   Downarowicz, T.: *Entropy in Dynamical Systems*. Cambridge University Press (2011).

[EinSch14]   Einsiedler, M.; Schmidt, K.: *Dynamische Systeme*. Birkhäuser, Basel (2014).

[Fi25]   Fisher, R.A.: *Theory of statistical estimation*. Proc. Camb. Phil. Soc., Vol. 22 (1925), pp. 700–725.

[For13]   Forster, O.: *Algorithmische Zahlentheorie*. Springer Fachmedien Wiesbaden (2013).

[Frie96]   Friedrichs, B.: *Kanalcodierung*. Springer, Berlin Heidelberg New York (1996).

[Gauß94]   Gauß, E.: *WALSH-Funktionen*. Teubner, Stuttgart (1994).

[HeiQua95]   Heise, W; Quattrocchi, P.: *Informations- und Codierungstheorie*. Springer, Berlin Heidelberg New York (1995).

[Held08]   Held, L.: *Methoden der statistischen Inferenz*. Spektrum Akademischer Verlag, Heidelberg (2008).

[HeHo74]   Henze, E.; Homuth, H.H.: *Einführung in die Informationstheorie*. Vieweg, Braunschweig (1974).

[Joh04]   Johnson, O.: *Information Theory and The Central Limit Theorem*. Imperial College Press, London (2004).

© Springer-Verlag Berlin Heidelberg 2015
S. Schäffler, *Mathematik der Information*, Springer-Lehrbuch Masterclass,
DOI 10.1007/978-3-662-46382-6

[Klenke05]   Klenke, A.: *Wahrscheinlichkeitstheorie*. Springer, Berlin Heidelberg New York (2005).

[Kom]   Komar, E.: *Rechnergrundlagen*. Skriptum FH Darmstadt.

[Kull97]   Kullback, S.: *Information Theory and Statistics*. Dover, New York (1997).

[LasMac95]   Lasota, A.; Mackey M.C.: *Chaos, Fractals, and Noise: Stochastic Aspects of Dynamics*. Springer, Berlin Heidelberg New York (1995).

[NieChu00]   Nielsen, M.A.; Chuang, I.L.: *Quantum Computation and Quantum Information*. Cambridge University Press (2000).

[OhmLü10]   Ohm, J.; Lüke, H.D.: *Signalverarbeitung*. Springer, Berlin Heidelberg New York (2010).

[Pas38]   Pascal, B.: *Die Kunst zu überzeugen*. Lambert Schneider, Berlin (1938).

[PötSob80]   Pötschke, D.; Sobik, F.: *Mathematische Informationstheorie*. Akademie-Verlag, Berlin (1980).

[Sch14]   Schäffler, S.: *Globale Optimierung*. Springer, Berlin Heidelberg New York (2014).

[ShWe63]   Shannon, C.E.; Weaver, W.: *The Mathematical Theory of Communication*. University of Illinois Press, Urbana and Chicago (1963).

[Stier10]   Stierstadt, K.: *Thermodynamik*. Springer, Berlin Heidelberg New York (2010).

[StSch09]   Sturm, T.F.; Schulze, J.: *Quantum Computation aus algorithmischer Sicht*. Oldenbourg, München (2009).

[UlNeu47]   Ulam, S.; von Neumann, J.: *On combination of stochastic and deterministic processes*. Bull. Amer. Math. Soc., 53 (1947), p. 1120.

[UlUl12]   Ulbrich, M.; Ulbrich, S.: *Nichtlineare Optimierung*. Birkhäuser, Basel (2012).

[Wagon85]   Wagon, S.: *The Banach-Tarski Paradoxon*. Cambridge University Press (1985).

[Wie61]   Wiener, N.: *Cybernetics or Control and Communication in the Animal and the Machine*. The MIT Press, Cambridge Massachusetts, second edition (1961).

Sachverzeichnis